气体放电与等离子体及其应用著作丛书

潜供电弧物理特性与抑制技术

李庆民　孙秋芹　张　黎　刘洪顺　丛浩熹　著

科学出版社

北京

内 容 简 介

潜供电弧是特高压输电面临的关键技术难题之一,本书针对潜供电弧的物理特性和抑制技术开展系统性的研究:建立潜供电弧低压模拟实验平台,分析潜供电弧的物理特性和形成机理;重点研究潜供电弧多场耦合动力学建模方法,并阐述运动物理机制;将图像处理技术引入潜供电弧的参数识别和诊断中,进行空间三维重构,并探讨潜供电弧放电过程中正负离子和电子的时空分布特性;从"路"的角度出发,介绍潜供电弧电磁暂态过程及其关键影响因素;考虑到现有方法的不足,提出一种新型的潜供电弧抑制措施;研究特高压混合无功补偿和安装限流器等复杂工况下的潜供电弧特性及重合闸策略;针对超长距离半波长输电潜供电弧问题进行探索。

本书可供高电压与绝缘技术、气体放电物理、电力系统及相关领域的研究生、科研工作者和工程技术人员参考阅读。

图书在版编目(CIP)数据

潜供电弧物理特性与抑制技术/李庆民等著. —北京:科学出版社,2018.6
(气体放电与等离子体及其应用著作丛书)
ISBN 978-7-03-057591-3

Ⅰ.①潜… Ⅱ.①李… Ⅲ.①电弧-物理性质-研究 Ⅳ.①O461.2

中国版本图书馆 CIP 数据核字(2018)第 109548 号

责任编辑:牛宇锋 赵薇薇 / 责任校对:樊雅琼
责任印制:吴兆东 / 封面设计:蓝正设计

科 学 出 版 社 出版
北京东黄城根北街 16 号
邮政编码:100717
http://www.sciencep.com

北京凌奇印刷有限责任公司 印刷
科学出版社发行 各地新华书店经销
*
2018 年 6 月第 一 版 开本:720×1000 B5
2022 年 1 月第四次印刷 印张:14 1/4
字数:268 000
定价:98.00 元
(如有印装质量问题,我社负责调换)

序　一

特高压输电线路发生单相接地故障后,故障相断路器跳闸,健全相将通过相间耦合对故障点提供能量,形成潜供电弧。潜供电弧的快速熄弧直接决定重合闸的成功率,影响输电线路的可靠运行。近年来,尽管作为全球能源互联网重要物理基础的特高压输电技术得到了飞跃式发展,但线路长度不断增加,运动工况日趋复杂,潜供电弧问题也变得越来越突出。国内外学者针对潜供电弧的产生机理、影响因素、熄灭和重燃机制等,开展了一些研究工作,但目前仍鲜见相关的系统性学术专著。

该书由李庆民教授团队撰写,汇集了近十年的最新研究成果,具有系统性、准确性和完整性。作者开展了大量的实验,同时提出了一些有价值的新理论和新方法。相信该书的出版对于从事相关研究的学者和工程技术人员有所裨益,并将推动相关领域的研究进展。

清华大学电机工程与应用电子技术系教授

徐国政

序　二

　　单相自动重合闸可提高电力系统稳定性和供电可靠性,在超/特高压电网中得到了广泛的应用,其成功与否在很大程度上取决于故障点潜供电弧能否及时熄灭。开展潜供电弧实验和仿真建模研究,基于潜供电弧的物理特性及与系统的电磁暂态交互作用机理,发展有效的抑制方法,完善单相重合闸策略,具有重要的理论意义和工程应用价值。相关研究人员亟需这么一本关于潜供电弧放电机理、研究方法和应用的学术专著。

　　作为国内一部论述潜供电弧的专著,该书详细阐述了潜供电弧的实验方法、动力学建模理论、等离子体数值模拟、电磁暂态特性、抑制措施等方面的最新研究成果,内容新颖、实用并具有启发性,为读者全面系统地了解相关问题奠定了基础。

　　相信该书的出版必将推动该领域研究和应用的发展,不仅给相关专业的科技工作者提供重要的学术参考用书,而且会让阅读该书的青年学生获益匪浅。

中国科学院电工研究所研究员

严萍

前　言

随着超/特高压电网的建设以及全球能源互联网的推进,我国电力工业取得了长足发展。超/特高压输电线路电压等级高、距离长、传输功率大、结构特殊,系统发生单相接地故障后,潜供电弧问题非常突出。若故障点电弧未能及时熄灭,将使断路器重合于弧光接地故障,导致重合失败,影响系统的稳定性和供电的可靠性。

针对超/特高压输电线路潜供电弧的物理机制和动态演化过程开展探索与创新研究,进一步提出经济、有效的潜供电弧抑制方法,具有重要的理论意义和工程应用价值。本书作者及其研究团队经过十多年的努力,针对长输电线路潜供电弧的基础理论和关键技术问题开展了系统的科学研究,取得了一系列的创新成果。本书是作者在该领域研究成果的系统性总结。

全书共 10 章,由华北电力大学的李庆民、丛浩熹,湖南大学的孙秋芹,山东大学的张黎、刘洪顺共同撰写完成。第 1 章:绪论,主要介绍潜供电弧的形成机理与关键问题,由李庆民负责撰写。第 2 章:潜供电弧物理模拟实验研究,详细介绍潜供电弧模拟实验方案及平台设计,研究潜供电弧的燃弧特性、运动特性及熄灭重燃等物理特征,由孙秋芹负责撰写。第 3 章:潜供电弧多物理场耦合动力学与起始位置随机性建模,主要介绍潜供电弧多场耦合动力学建模方法,由丛浩熹负责撰写。第 4 章:潜供电弧运动物理机制研究,在潜供电弧动力学模型基础上研究潜供电弧长度变化、弧根跳跃等典型运动特征,由丛浩熹负责撰写。第 5 章:潜供电弧等离子体数值模拟,研究潜供电弧放电过程中电弧等离子体微观参量,由李庆民负责撰写。第 6 章:潜供电弧图像识别与三维重构,详细介绍潜供电弧图像形态参数提取方法和三维重构理论,由孙秋芹负责撰写。第 7 章:潜供电弧电磁暂态特性,研究潜供电流暂态特性和潜供电弧恢复电压暂态特性,由张黎负责撰写。第 8 章:潜供电弧抑制措施研究,主要介绍潜供电弧新型抑制技术及其与电力系统的交互作用,由刘洪顺、孙秋芹负责撰写。第 9 章:复杂工况下的潜供电弧问题,主要介绍特高压混合无功补偿和安装限流器两种工况下的潜供电弧特性及重合闸策略,由张黎负责撰写。第 10 章:特高压半波长输电线路的潜供电弧特性,研究半波长输电线路潜供电弧燃弧特征与电磁暂态特性,由刘洪顺、李庆民负责撰写。全书由李庆民、孙秋芹负责统稿和审定。

本书研究内容得到了国家自然科学基金项目(51277061、51507058、51507095)、国家电网公司重大科技项目(B11-10-023)等的资助,作者在此表示衷心的感谢。作者还要向为本书出版做出贡献的同事和被参阅过的文献作者表示诚挚的感谢!

　　由于作者水平有限,难免存在疏漏与不足之处,敬请读者予以批评指正。

作　者

2017 年 8 月于华北电力大学

目　　录

第1章 绪　　论

1.1　研究背景与意义

1.1.1　单相重合闸的应用和意义

随着经济的不断发展,电力需求迅速增加,这为我国电网的发展带来了新的机遇,同时也提出了新的挑战。主要问题体现在[1,2]:①我国一次能源远离负荷中心,大容量长距离输电势在必行,现有的 500kV 输电线路输送能力有限,不能满足未来长远发展的需求;②基于 500kV 网架的联网系统,区域交换能力不足,无法满足资源进一步优化配置的需求;③土地资源日趋紧缺,提高单位长度输电走廊的输电容量具有重要的经济与社会意义;④我国电力负荷分布严重不均,华北、华东地区 500kV 电网短路电流超标现象非常严重,对系统的安全可靠运行非常不利;⑤长链式网架结构动态稳定问题突出;等等。

国家电网有限公司(简称国家电网)结合我国电网发展的现状以及未来发展的趋势,提出了建设 1000kV 特高压骨干网架的战略构想,通过技术创新从根本上解决上述各项问题。特高压输电线路的造价与传输容量比明显优越于 500kV,更适合于长距离、大容量的电力输送和功率交换要求,具有更大的经济性与远期适应性。特高压电网的建设与实施将实现资源的优化配置,对于保障国家能源安全和电力可靠性具有重要意义。

2006 年 8 月,特高压交流试验示范工程通过国家核准;2009 年 1 月 6 日,晋东南—南阳—荆门特高压试验示范工程一期通过验收并投入试运行;2011 年 12 月16 日,经过扩建后的特高压试验示范工程正式投入商业运行,成为我国南北方向的一条重要能源输送通道,进一步提高了华北和华中两大电网之间的电力资源优化配置能力,同时标志着我国电网实现了历史性的跨越[3]。当前,特高压电网建设在我国处于起步阶段,加快研究、进一步完善特高压输电技术,具有重要的学术价值与工程意义。

对于超/特高压输电线路,由于线间距离大,输电线路的故障以单相接地故障为主,其发生数量占总故障的 90%,且绝大部分为瞬时性故障。表 1.1 给出了IEEE 统计的 500kV 输电线路故障类型统计数据[4]。

表 1.1　500kV 输电线路故障类型统计数据

故障类型	百分比/%
单相接地故障	93
相间故障	4
两相接地故障	2
三相故障	1
总计	100

根据超/特高压输电线路的具体工况及其故障类型的特点,采用单相重合闸具有重要意义[4-10]。

(1) 提高系统的稳定性。采用单相重合闸的输电线路,故障时由于切除的只是故障相而不是三相,故障期间送端和受端并没有完全失去联系,可大大加强两个系统之间的联系,避免系统的解列;发生故障的输电线路,允许单相开断的时间比三相分闸时间要长 3~4 倍,单相自动重合闸相比三相自动重合闸具有更大的动稳定极限;当采用单相重合闸时,输电线路可进一步增加线路的传输容量,提高线路的输送能力。

(2) 提高供电的可靠性。单侧电源供电的线路发生单相故障而切除故障相时,其他两相仍继续供电,避免了供电的中断,提高了供电的可靠性;特别是当由单侧电源单回线路向重要负荷供电时,单相重合闸的优越性更加显著。

(3) 减小操作过电压水平。单相重合闸操作过电压水平比三相重合闸操作过电压水平平均低约 30%,针对超/特高压等级输电线路,采用单相重合闸,降低电网的操作过电压水平会带来显著的经济效益。

(4) 减小对轴系的冲击。单相重合闸可减小对大容量轴系的冲击,特别是降低对大型热电厂的轴扭振度。

(5) 简化系统的操作。由于单相故障只需断路器跳一相,其他两相不跳,减少了断路器的操作次数,延长了检修周期;采用单相重合闸,不存在同期问题;单相重合闸间接减少了并网的次数等。

1.1.2　潜供电弧的形成机理

采用单相重合闸的输电线路,当线路发生故障,故障相切除后,非故障相通过静电耦合与电磁耦合向故障相供电,在故障点形成的电流称为潜供电流,形成的弧光放电称为潜供电弧,潜供电弧熄灭后,弧道两端形成的电压称为恢复电压[4]。

潜供电流与恢复电压是反映潜供电弧特性的两个重要参量。潜供电流中含有静电感应分量和电磁感应分量[4,11,12]。其中,由非故障相电压通过相间电容产生的感应分量称为静电感应分量 I_{sc},如图 1.1 所示,其值由式(1-1)确定,其中 C_m 是相间电容；由非故障相电流经相间互感在故障相形成的感应分量称为电磁感应分量 I_{sm}，如图 1.2 所示。

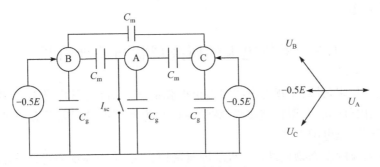

图 1.1 静电耦合电路

$$I_{sc}=-0.5E\times\frac{1}{\dfrac{1}{-j\omega2C_m}}=Ej\omega C_m \qquad (1-1)$$

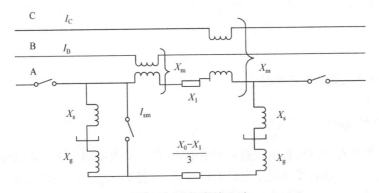

图 1.2 电磁耦合电路

图 1.2 中，X_m 为线路互感，X_s、X_g 分别对应并联电抗器小电抗和中性点小电抗，X_0、X_1 为线路零序感抗和正序感抗。

潜供电弧电流与弧道恢复电压中，静电感应分量占了绝大部分，它与线路的结构以及长度有关，与故障点的位置几乎无关，其值主要取决于输电线路的相间电容与线路电压等级。电磁感应分量所占比重较小，它主要取决于线路传输容量、线路结构参数以及故障点位置，其值与线路零序阻抗有很大联系。当故障点在线路中点时，电磁感应分量近似有最小值[4-6]。

发生单相接地故障的输电线路，潜供电弧若不能及时熄灭，将使断路器重合于弧光接地故障，造成重合闸失败。超/特高压输电线路较长，运行电压高，潜供电弧的熄灭是一个技术难题。针对超/特高压工程建设遇到的问题，开展潜供电弧发生机理的实验模拟和仿真建模研究,结合潜供电弧伏安特性的强烈非线性与随机性特征,发展有效的熄灭技术与抑制方法,完善单相重合闸技术,具有重要的理论意义和应用价值。

1.2　潜供电弧的研究现状与关键问题

近几十年来,针对常规输电线路潜供电弧的产生机理、影响因素、熄灭和重燃机制等,国内外学者采用物理实验、数学建模和仿真等手段开展了大量研究工作,多集中于超高压电网[4,7,8]。

潜供电弧的动态物理过程与很多因素密切相关,集中体现为两大类,即确定性因素与非确定性因素。确定性因素主要包括线路长度、电压等级、并联电抗器位置及其补偿度(或快速接地开关)、杆塔结构等;非确定性因素主要包括故障位置、短路电弧电流及其持续时间、风速大小与方向、弧道恢复电压等[13]。其中,线路长度、电压等级等因素通过影响潜供电流值、恢复电压及其上升率的大小从电气上间接影响潜供电弧的物理特性;而风速大小与方向、短路电弧电流等因素通过作用于弧道而直接影响潜供电弧的发展与重燃特征。潜供电弧的研究现状与关键问题分述如下。

1.2.1　潜供电弧的物理实验

1. 潜供电弧的现场实验

国内外针对超高压输电线路的潜供电弧,进行了大量的现场实验,获得了很多现场数据[14-18]。随着线路电压等级的提高,针对特高压输电线路的潜供电弧现场实验也在进行。具有典型意义的现场实验如下所述。

巴西 CEPEL 高电压实验室在 500kV 线路实验段进行了潜供电弧的现场实验。实验线路共包括三个杆塔结构,分为两段。通过人工引弧,模拟产生潜供电弧并进行监测。在这次测试中,短路电弧电流持续 1s,频率为 60Hz,实验的潜供电弧电流(有效值)分别为 60A、100A、150A、200A[14,15]。该实验进一步验证了潜供电弧的非线性特征,通过实验测量得到潜供电弧的各次谐波含量,并研究了长间隙潜供电弧的运动轨迹与熄灭特性,相关实验数据可用作比较和分析低压模拟实验的等价性与有效性。

图 1.3(a)为巴西超高压实验线路段上,潜供电弧的引弧装置布置图[14]。绝缘子串两端安装了一套挂钩,铜线安装在绝缘子串两端的挂钩上引燃短路电流。图 1.3(b)为潜供电弧的燃烧轨迹。

俄罗斯的 1150kV 特高压输电线路,线路长度为 500km,线路首端安装并联电

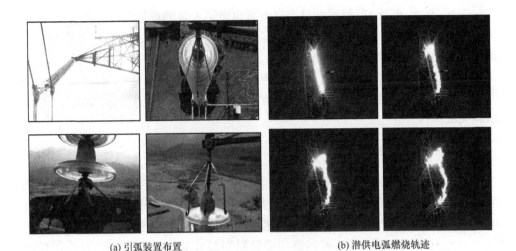

(a) 引弧装置布置 (b) 潜供电弧燃烧轨迹

图 1.3 潜供电弧现场实验

抗器 3×300Mvar,线路末端安装并联电抗器 2×(3×300)Mvar。潜供电弧实验过程中,在线路末端 C 相最后一基杆塔的绝缘子串两端串接一直径为 0.5mm 的铜线[16]。线路末端断路器始终断开,当线路首端断路器合闸时,绝缘子串两端的铜线迅速燃烧引燃短路电流,即模拟产生短路电弧。此时保护识别线路故障,信号发送到首端,打开故障相断路器。其他两相依旧运行,潜供电弧在短路电弧通过的弧道中产生,记录并获取了相关电压、电流数据。实测的燃弧时间约为 0.30s[17,18]。

我国特高压交流试验示范工程长南线的南阳站进行了人工 C 相瞬时接地实验[10]。引弧线长度为 11m,故障后 40ms 左右南阳站 1000kV 断路器分闸,故障后约 75ms 长治站保护跳开 1000kV 断路器,直至 1s 后两侧断路器单相重合成功。实验时的风速约为 1.2m/s,北风,实测的燃弧时间为 110ms。该实验中微风在短时间内对长达 11m 的开放电弧的影响较小,电弧呈现为直线形状。短路电弧的弧道粗,亮度大,潜供电弧的弧道细,亮度小,如图 1.4 所示。

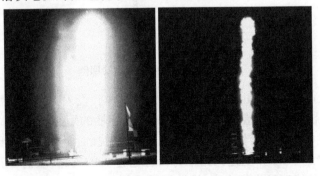

图 1.4 特高压交流试验示范工程潜供电弧现场实验

美国、日本、匈牙利、德国针对潜供电弧也做了大量的现场实验和测量工作，很大程度上丰富了潜供电弧物理特性的研究[8,19,20]。潜供电弧的现场实验较为真实地反映了输电线路故障后潜供电弧起始、发展、熄灭、重燃的物理过程，尽管如此，现场实验也存在很多的局限性，集中体现在实验方案、实验次数以及实验条件的限制，同时对于更高电压等级或新型输电方式的线路，当线路还没有建成时，现场实验就无法进行[8]。

2. 潜供电弧的模拟实验

模拟实验是研究潜供电弧特性的重要途径。其基本假定条件为忽略两个端部的电极效应，在其余的全长弧道内，认为每段弧道特性彼此一样，从而在电流、恢复电压梯度值相同的情况下，取其部分长度进行实验，模拟输电线路长间隙潜供电弧[21]。已有潜供电弧模拟实验回路主要针对安装并联电抗器及中性点小电抗的输电线路，有串联实验回路和并联实验回路，两者的主要区别在于潜供电弧熄灭后，弧道恢复电压的频率特性表现不一样，其结构如图 1.5 所示[8,21-23]。

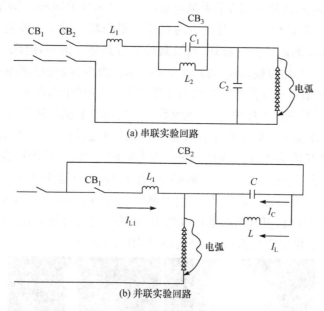

图 1.5　潜供电弧模拟实验回路

图 1.5(a) 中，CB_1、CB_2、CB_3 分别为保护、合闸、投入 C_1 所用的快速断路器。L_1 是模拟系统的等值电感，实验中用以提供电感性的短路电流；C_1 是集中电容，用以模拟潜供电弧的电容回路；L_2 起到模拟小电抗的作用，如果线路上没有并联电抗，即 ωI 趋近于无穷，上述回路中将只有电容 C 的支路，取消 L 形成的支路即可；C_2 是等值的线对地电容之半，使得在弧道上形成必要的恢复电压。20 世纪七

八十年代,中国电力科学研究院(简称中国电科院)、陕西电力中心试验研究所等单位针对西北新建 330kV 线路,采用该电路结构,做了大量的潜供电弧模拟实验[8]。

图 1.5(b)中开关操作顺序为:打开 CB_2,合上 CB_1,引燃电弧,经过一段时间,合上 CB_2,打开 CB_1。要求控制 CB_1、CB_2 的动作时差尽可能小,以免影响实验条件。并联实验回路较之串联实验回路,C 上无过电压,电弧过零后的稳态恢复电压合乎要求,同时参数计算简化。我国的超高压线路潜供电弧的模拟实验即采用该回路[21-23]。

模拟实验中常采用引弧导线将瓷瓶串短接,导体在大电流作用下气化形成电弧通道以模拟高电压下的闪络。现有潜供电弧的引弧材料主要包括保险丝、铜丝、铁线、钢琴丝、镍铬丝等。其中铜丝、镍铬丝较多被采用。不同的引弧材料使得电弧的燃弧时间有一定差异,引弧材料形成的游离物质与数以千计的短路电流形成的游离物质相较处于次要地位,因此其影响较小。潜供电弧出现在短路故障电流被切除后,短路电弧的燃弧时间为 0.1s 量级,其值从几千安到十几千安不等。国内外进行了大量的短路电流值对潜供电弧影响的模拟实验。大多数实验表明引弧电流较小时,短路电流值的大小对潜供电弧的燃弧时间影响不大,而当引弧电流增大到一定程度后,弧道受到的电动力和热上升力大为增加,弧柱在大气中的游动加剧,更为弯曲,更有利于熄灭[8]。

对流散热是潜供电弧自灭的主要因素之一,风速和风向对自灭速度影响较大。中国电科院进行的潜供电弧实验中主要采用较为简单的人工风,结合人工风筒来调节模拟风。通过改变整流器和风栅、变更风机的位置获得所需的风速与风向[8]。已有模拟实验获得了不同风速、风向下潜供电弧的燃弧时间,结果表明风向与弧道电动力发展方向相反时,自灭速度较为缓慢,燃弧时间的分散性增大;风向与弧道电动力发展方向相同时,自灭速度很快,燃弧时间较短,同时分散性小。当前,风对潜供电弧弧根与弧柱运动的作用机理仍不清晰,有待进一步研究。

国内外学者和科研机构通过进行模拟实验,总结相关的实验数据,对潜供电弧的燃弧时间,给出了简化的函数关系式,以适应工程需要。

美国 BPA 针对 500kV 线路模拟实验,给出了潜供电弧的燃弧时间与其主要因素——潜供电流之间的数值关系[20]。

苏联针对超高压输电线路的潜供电弧问题,先后提出了停电间隔时间 Δt 的两种表达式,其一为 $\Delta t = 0.25(0.1I+1)$s,其二为 $\Delta t = t_r + 0.2$s,其中 I 为潜供电流的强制分量,t_r 为潜供电流和恢复电压的对应函数[24]。

我国华北电力科学研究院(简称华北电科院)和中国电科院合作研究超高压输电线路的潜供电弧物理特性,进行了相关的实验,对实验数据进行回归曲线拟合,给出了不同电位梯度下对应的燃弧时间 $t_{90\%}$ 的对应公式[25]为

$$t_{90\%} = 3.3333 \times 10^{-4} I^2 + 6.6968 \times 10^{-3} I + 6.5105 \times 10^{-2} \tag{1-2}$$

$$t_{90\%} = 2.5943 \times 10^{-4} I^2 + 5.3623 \times 10^{-3} I + 4.6989 \times 10^{-2} \qquad (1\text{-}3)$$

其中,式(1-2)对应起弧电位梯度 $E = 13.5\text{kV/m}$,式(1-3)对应起弧电位梯度 $E = 8.1\text{kV/m}$。

尽管如此,已有的模拟实验分析方法仍非常简单与粗糙,无法反映潜供电弧的内在物理机理。在潜供电弧的运动特性、熄灭重燃特征、不同补偿方案下的燃弧特性等方面,仍缺乏深入的分析。因此,开展相关的模拟实验,进一步挖掘潜供电弧起始、发展、熄灭、重燃的物理特征,具有重要意义。

1.2.2　潜供电弧的数学建模

数学建模与仿真已成为研究潜供电弧的重要工具。电弧是一个复杂的动态物理与化学过程[26,27]。在电弧模型的研究初期,Cassie 和 Mayr 提出了获得普遍认可的经典黑盒模型,文献[27]对该模型进行了系统性总结分析。此后,许多学者对黑盒模型进行了演绎和推导,进而提出适于长间隙电弧放电的数学模型[28-30]:Terzija 等针对处于静止和自由空气中的长电弧进行了实验和建模,将不规则的电弧电压简化成一个随电流方向变化的方波,将测量数据进行最小二乘处理,确定相关参数值[29];Farzaneh 等则对交直流绝缘子串覆冰表面的电弧特性进行了详细研究[30];等等。针对潜供电弧的数学建模,主要涉及如下三个方面。

1. 潜供电弧动态弧阻建模

俄罗斯的 Dmitriev 等基于能量守恒原理,将电弧假定为固定半径的圆柱体结构,忽略能量的辐射和对流,建立了潜供电弧的磁流体物理模型,并将其以动态阻抗形式嵌入电磁暂态仿真程序中,进行计算与分析[31],由于该模型没有纳入风的作用,将潜供电弧的长度固定化,其应用范围受到限制,同时与实际情况有较大差距。

Johns 等基于改进的 Mayr 公式——电弧电导微分方程,建立了潜供电弧的黑盒模型。通过对潜供电弧实验数据的拟合确定模型中的各个参数,并在电磁暂态仿真程序 EMTP 中进行仿真计算[32-35]。上述方法被许多学者采用,作为研究单相自适应重合闸的依据[36-39]。不少学者在 Johns 等建立的模型的基础上进行了大量改进和完善工作,针对公式中的各个变量(电弧时间常数 τ、电弧电压梯度 E、电弧长度等)给出了不同的表达式[40]。俄罗斯学者基于上述模型,给出了特高压等级输电线路潜供电弧模型的相关参数[17]。Darwish 等采用 EMTP 的 TACS 模块建立了通用的电弧动态阻抗模型,可用于系统的电磁暂态计算[28]。中国电科院有关学者通过将电弧链式分段化,对潜供电弧进行受力分析,数值计算电弧的运动轨迹,获得潜供电弧的长度,进行潜供电弧的电磁暂态仿真,计算结果与实际较为相符[40,41]。目前,已基本明晰了电弧电压梯度、电弧时间常数与电弧电流的定量关系。

2. **潜供电弧的动力学特性**

在潜供电弧数学模型中,电弧长度是一个重要参数。因电弧在游动过程中不断延伸,形状扭曲或成为环状,且绝大多数情况下,弧道在延伸出来的各个环状弯曲处不断被自身短接,长度时刻发生着变化,其测量就是一个难题。潜供电弧最初被表述为一个在两个平行的电极之间移动的直棒,这种模型显然不能反映电弧运动的形态变化,误差较大。日本学者 Horinouchi 等建立了链式电弧模型[42],对长间隙电弧的运动过程进行了仿真分析,但是该模型仅考虑了电磁力和空气阻力。很多学者对此进行了改进。例如,陈维江等[18]采用链式电弧模型,考虑风力的作用,仿真分析了潜供电弧的运动特性,获得了电弧实时长度,如图1.6所示。尽管如此,该方法不能考虑弧根对电弧运动的影响,多个参数来自于经验数据。文献[43]在前期工作的基础上纳入了热浮力的影响,针对架空线路并联间隙电弧的运动特性进行了仿真分析,对电弧弧根的跳跃和整体上浮现象进行了解释,与实际情况较为相符。

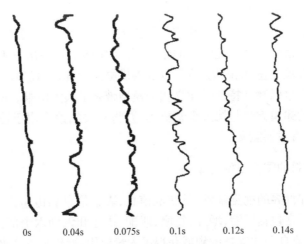

| 0s | 0.04s | 0.075s | 0.1s | 0.12s | 0.14s |

图1.6 潜供电弧运动特性的仿真

潜供电弧长度等动力学参数变化与环境条件(风速、风向等)以及电弧热平衡状态密切相关,具有很大的随机性,有关文献中给出了潜供电弧长度随时间变化的近似表达式,但在电弧运动受力机制方面不够深入,有待进一步完善。深入研究潜供电弧的动力学特性,完善电弧的运动受力模型,具有非常重要的理论意义。

3. **潜供电弧熄灭重燃判据建模**

国内外学者针对潜供电弧熄灭重燃的内在物理机理及其相应的数学建模开展了大量研究。现有的潜供电弧熄灭重燃判据主要包括介质恢复理论与能量平衡理论。介质恢复理论认为电弧重燃是因外加电场将间隙击穿的结果，即电击穿；能量平衡理论认为电弧重燃是缘于零休阶段弧隙的输入能量大于弧隙的散出能量，即热击穿[27]。两种理论在现有潜供电弧研究文献中广泛存在。介质恢复理论在电流过零时，通过比较恢复电压与介质恢复强度来判断熄灭后的重燃现象；能量平衡理论则通过计算零休阶段电弧电阻对时间的导数，当其超过某一设定阈值时，即判断电弧熄灭，反之重燃。日本学者曾建立电弧的介质恢复特性实验平台，通过脉冲电弧回路产生脉冲电压波形，在电流过零后延迟触发，通过大量的延续实验改变实验的延时间隔，以确定弧道的去游离过程随时间的上升特性，获得电弧的介质恢复特性[44]。已有实验表明电弧的介质恢复特性与绝缘子串的结构和类型、电弧电流、电弧的持续时间等密切相关，其结果对于研究潜供电弧的介质恢复特性具有重要的借鉴意义。除此以外，很多学者通过实验研究给出了潜供电弧熄灭的简化判据公式，如基于电弧长度的熄灭判据[45]，苏联学者给出了潜供电弧燃弧时间与潜供电流稳态值的函数关系式等[24,46,47]。以上简化判据公式的适用范围仍十分有限，而且有些条件与实际工况明显不符。潜供电弧熄灭重燃判据的数学建模是潜供电弧建模的关键问题之一。

　　潜供电弧的数学建模建立在相应的物理实验基础之上。综上所述，由于实际中潜供电弧受到诸多不确定性因素的影响，相关实验中表现出很大的随机性与不稳定性。空间环境变量、电磁场、流场以及潜供电弧微观、宏观参量瞬时快速变化，给深入分析潜供电弧物理特性并建立相关模型带来了很大困难。所以从新的角度研究潜供电弧的建模方法与熄灭重燃机理，并将有关结论应用于输电线路结构与参数优化中，具有重要意义。

1.2.3　潜供电弧的图像识别与重构

　　图像是感知世界的视觉基础，是获取信息、表达信息和传递信息的重要手段。图像处理方法通常包括压缩、增强、复原、匹配、描述和识别六个部分，相关技术已在遥感信息、工业自动化等技术领域获得了大量应用，近年来逐渐推广到电力工业领域。有关学者通过热红外图像处理以鉴别高压设备的运行状态，利用卫星图像以测量线路邻近树木与导线之前的间隙距离等。

　　潜供电弧图像在采集过程中受到高速摄像机本身、周围环境等因素影响，会使摄取到的图像中含有噪声。同时由于电流的热效应，绝缘子串附近空气迅速气化，弧道大量等离子体来不及消散，电弧亮度强，严重影响潜供电弧形态参数的提取。

　　有些学者对绝缘子沿面的放电电弧进行了分析，利用高速摄影仪拍摄并存储，采用中值滤波、直方图均衡化、大津法有效消除噪声、增强电弧、分离电弧。考虑到电弧边缘连续性，采用 Canny 改进算子和膨胀腐蚀，对电弧边缘进行了连续化处理，并使用种子填充算法将电弧图像填充成清晰的二值图像，计算出电弧的面积再进行提取。现有研究表明,电弧噪声一般存在于电弧的高频分量部分,消除噪声的方法主要是衰减高频分量,主要滤波方法有邻域平均法、中值滤波法等。尽管如此,现有边缘检测后的电弧图像大部分没有形成有界的区域,电弧局部区域分割,部分腐蚀膨胀处理造成电弧区域扩大,相关方法有待继续改进。

三维重构是计算机视觉中的重要分支,它通过对采集的图像或视频进行处理以获得三维场景信息。目前,三维重构主要采用立体视觉技术,其基本原理是从两个或多个视点观察同一景物,以获取物体在不同视角下的图像,通过三角测量原理计算图像像素间的位置偏差(即视差)来获得三维信息。一个完整的立体视觉系统分为图像获取、摄像机标定、特征提取、立体匹配、深度确定及内插重建六大部分,其中以摄像机标定和立体匹配为研究重点。常用的摄像机标定方法有两步法和张志友标定法。立体匹配算法一直是双目视觉三维重建的研究热点,其算法精度直接决定了三维测量的准确性。潜供电弧在空间中的运动复杂多样,二维图像难以全面表达电弧运动的所有特征信息。对潜供电弧图像进行三维重构,可获取准确全面的电弧信息。

1.2.4 潜供电弧与电力系统的交互作用

潜供电弧的燃弧过程不仅与电弧周围环境密切相关,更是一个与电力系统交互作用的电磁暂态过程。国内外有不少学者就潜供电弧与电力系统的交互作用进行了大量计算分析,他们基于集中式或分布式的输电线路结构,引入简化的电弧电阻模型或黑盒模型,研究了不同输电线路参数对潜供电流、弧道恢复电压、燃弧时间的影响,涉及线路换位方式、杆塔结构、传输功率、故障点位置、线路长度、并联电抗器与串联电容器的配置等因素,并探讨了线路可能存在的谐振过电压、线路补偿措施的取值准则等[48-52]。此外,有关学者采用拉普拉斯变换,通过建立潜供电弧电路的复频域模型,针对某些特殊工况,如线路安装串联补偿、故障限流器、统一潮流控制器等条件,对潜供电弧电气参量表现的暂态特性,如潜供电流的低频分量、恢复电压的拍频振荡特性等,也进行了大量的分析[53-58]。已有研究多针对超高压等级的单回输电线路,部分涉及特高压输电系统。

随着电网规模的进一步扩大,输电线路走廊非常紧缺,同塔并架的双回以及四回输电线路在中国超高压电网中逐步推广应用,特高压双回输电线路(上海至淮南线)也已建成[59]。同塔双回乃至多回输电线路具有单回线路不具备的独有特征,线路换位方式、并联电抗器布置、导线相序排列、故障类型等复杂多样,同时回路间的耦合效应导致潜供电流与恢复电压值可能较大,问题变得更为突出。此外,对于带并联电抗器的多回输电线路中,并联电抗器及其中性点小电抗的取值同时涉及无功平衡、过电压抑制、潜供电流补偿、自激过电压以及非全相状态下的谐振等因素,是一个多目标的统筹问题[60]。目前的文献对此少有研究,更缺乏针对多回线路的通用模型与定量参数的计算公式的相关研究。研究该问题需协调考虑各个单一目标的重要程度、发生概率等,以获取较优的参数配置,具有重要的科学价值与工程意义。

1.2.5　潜供电弧的抑制技术

　　近几十年来,国内外学者针对潜供电弧的抑制开展了大量的研究工作,提出了多种措施,其中占主导地位的是并联电抗器加中性点小电抗和快速接地开关。各种抑制措施的工作原理如下所述。

　　1. 并联电抗器加中性点小电抗

　　并联电抗器能够补偿线路的对地充电功率,削弱输电线路的电容效应,有效抑制工频、操作过电压,其在 330kV、500kV 超高压输电线路获得了广泛应用,并已应用于前苏联、中国的特高压线路[58]。

　　通过在并联电抗器中性点装设小电抗,能同时补偿输电线路的相间电容以及相对地电容,其等效变换电路如图 1.7 所示[61]。通过补偿线路相间电容,可达到减小潜供电流、抑制恢复电压静电耦合分量,进而加速潜供电弧熄灭的目的。中性点小电抗器绝缘要求较高,通常在中性点同时安装金属氧化物避雷器(metal oxide surge arrester,MOA)以进行保护。

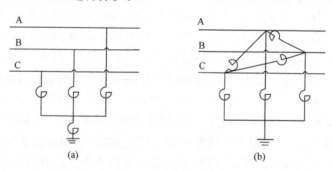

图 1.7　带有中性点小电抗的并联电抗器补偿

　　理想情况下,当相间接近全补偿时,相间阻抗接近无穷大,相间联系被隔断,当故障相两侧断开后,潜供电流的横分量近似为零,纵分量也被有效限制,恢复电压近似为零,潜供电弧会很快熄灭,此时中性点小电抗的取值为[46]

$$X_n = \frac{X_p^2}{X_{cm}} - 3X_p \tag{1-4}$$

其中,X_p 为并联电抗器高抗;X_n 为中性点小电抗;X_{cm} 为线路相间容抗。

　　安装并联电抗器加小电抗的输电线路,当电抗器参数设置不合理时,如线路相间阻抗为容性(感性)、线路对地阻抗为感性(容性),线路相间阻抗、相对地阻抗之间可能产生谐振[60],引起极大的过电压,其原理如图 1.8 所示。实际工程中,为避免上述问题,并联电抗器的补偿度范围通常取为:$T \leqslant 0.95$ 或 $T \geqslant 1.05$[45]。

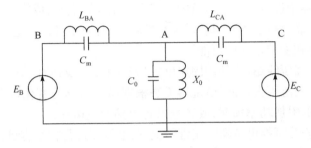

图 1.8 电磁耦合谐振电路

同杆并架的双回输电线路,当某相发生故障时,传统的并联电抗器接线形式无法抑制健全回路对故障回路故障相的电磁耦合。针对同塔双回输电线路,可采用如图 1.9 所示的 4 种接线形式[62-65]。

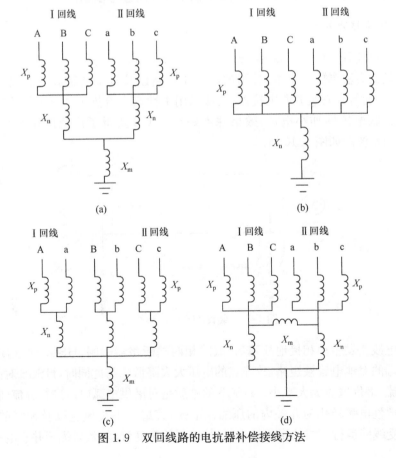

图 1.9 双回线路的电抗器补偿接线方法

　　该方法也存在参数谐振问题。当输电线路某回路发生永久性故障时,回路间通过电抗器形成电路联系,还可能使得故障延伸至健全回路。

　　并联电抗器中性点装设小电抗的补偿方法主要缺点是:成本较高,中性点绝缘要求高;固定并联电抗器加小电抗的灵活性较差,且对不换位输电线路的补偿效果不明显,同时存在参数谐振的可能性[64,65]。

　　对于超/特高压线路,当使用固定电抗器长期接入线路时,随着运行方式的变化,线路潮流变动范围大,并联电抗器无法根据运行情况的变化进行调整,这使得线路产生较大的附加功率损耗,或者难以有效抑制过电压。因此,从长远看,在特高压线路上宜安装可控电抗器。正常情况下,电抗器运行在小容量直至空载状态;突发故障时,线路侧的电抗器瞬间高速响应,运行到高补偿度状态[66]。

　　在我国湖北某500kV超高压线路上,已经开始试运行可控并联电抗器,由于技术原因,我国的特高压输电线路近期仍将采用固定式高抗。文献[67]给出了可控电抗器的三种可能结构方案,即高漏抗变压器型、磁阀型、多并联电抗支路型,这为将来研制特高压等级的可控电抗器提供了重要的参考依据。

　　2. 快速接地开关

　　快速接地开关(high speed grounding switch,HSGS)是熄灭潜供电弧的一种简单有效的方法[68-72]。日本、韩国的超高压线路以及日本的特高压线路,由于线路长度短,通常未安装并联电抗器,无法采用中性点小电抗(由于线路不换位,即使采用并联电抗器加小电抗,效果并不好),HSGS获得了广泛应用[70-72]。装设HSGS的系统图如图1.10所示。

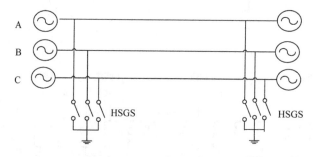

图 1.10　装设 HSGS 的系统图

　　输电线路发生单相接地故障后,故障相两端断路器跳闸,HSGS迅速闭合,故障相两端的对地电容被短路,故障点的电压大大降低。与此同时,HSGS对故障点形成分流,潜供电流大大减小。HSGS的本质是对潜供电弧电流进行分流,将故障点的开放性电弧转化为开关内的压缩性电弧,其熄灭不受风速以及天气的影响。HSGS受线路运行方式的影响较小,仅从熄弧的角度看,其效果优于并联电抗器加中性点小电抗[70]。

　　HSGS 的操作过程如图 1.11 所示,图中已标出各时刻所对应的操作步骤,当前日本大多采用强化型的压气式分断系统以及油压操动机构,以满足开断大电流和快速动作的需要。

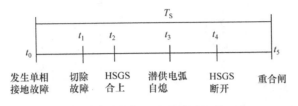

图 1.11　HSGS 操作过程

　　HSGS 同样具有一定的不足之处:对于带串联电容补偿装置的线路,当某些位置发生故障时,闭合两端的 HSGS 与补偿电容、线路电感、大地之间形成回路,可能使潜供电流幅值很大,难以熄灭[28]。同杆双回输电线路,导线间距较小,两相故障比例同时增加,线路两端 HSGS 的不同期闭合,将使通过 HSGS 的直流分量增加,电流过零次数减少,影响故障清除时间。文献[71]利用电弧温升对吹气灭弧室进行了改进设计,取得了良好的效果。

　　对于采用 HSGS 的系统,HSGS 的接地电阻与短路点接地电阻的比值决定了 HSGS 分流作用的大小,接地电阻对潜供电流的影响很大。为判断潜供电弧的燃弧时间,需要对潜供电弧的模型进行准确分析[20]。当故障点土壤电阻率较小, HSGS 接地电阻较大时,潜供电流值将增大,HSGS 的效果受到一定影响。

　　此外,HSGS 的保护和控制系统相对比较复杂,在线路已经安装了并联电抗器之后,安装 HSGS 的费用比单纯加中性点小电抗的费用要高很多,经济性不佳[70]。

　　3. 选择开关式并联电抗器组

　　选择开关式并联电抗器组主要针对不换位或不完全换位的输电线路,由于三相输电线路不对称,各相对地电容及相间电容不相等,并联电抗器小电抗取值无法实现全补偿各相相间电容。当输电线路较长时,输电线路某些相潜供电流值可能较大,电弧难以熄灭。该方案于 1978 年由美国学者 Sherling 等提出,在并联电抗器和中性点小电抗安装断路器,当输电线路不同相发生单相接地故障时,通过合理的控制方式来开断电抗器,让部分电抗器接入回路,可有效抑制潜供电流[73]。在此基础上,Sherling 等给出了确定电抗器电感值的优化方法。带并联电抗器和开关式并联电抗器组的系统结构如图 1.12 所示。当不同相发生单相接地故障时,各个开关的状态可根据表 1.2 确定。

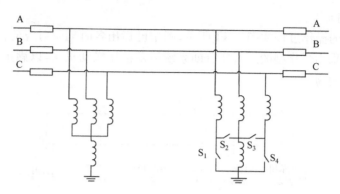

图 1.12　带并联电抗器和开关式并联电抗器组的输电线路

表 1.2　开关状态表

故障相	开关状态			
	S_1	S_2	S_3	S_4
A	开	闭	开	闭
B	开	闭	闭	开
C	闭	开	闭	开

并联电抗器的电感值需优化确定,如式(1-5)所示:

$$P(a_s)a_m^2 + Q(a_s)a_m + R(a_s) \leqslant 0 \tag{1-5}$$

其中,$P(a_s)$、$Q(a_s)$、$R(a_s)$、a_s 和 a_m 为电抗器电感值的函数,其表达式取决于故障相以及潜供电流和恢复电压的指标要求。通过求解几个不等式约束下电抗器的值域,取公共区间,即可求得最终满足条件的电抗器电感值。

此后,在上述基础上,Sherling 等进行了一系列的改进,分析了线路两端都安装、都不安装以及单端安装并联电抗器加中性点小电抗时,在线路上再加装选择开关式并联电抗器组的情况[74],并给出了相应的电抗器优化取值及开关状态。文献[73]中采用某典型不换位的 750kV 线路为计算模型,应用该方案进行仿真分析,结果表明了该方案的有效性。

该方案的主要缺点是:使用开关较多,且对各断路器开断能力要求较高,控制较复杂;当输电线路发生故障时,某些断路器未能开断,或者线路故障消失后,某些断路器未能闭合,都可能引起较大的谐振过电压,并引发剧烈的系统振荡等。因此,为提高其可靠性,每个开关都需要额外的继电保护措施。该方案成本较高,经济性较差。同时,该方案在设计时仅限于单回输电线路,对于双回输电线路需要重新进行设计和参数优化。

该方案从提出至今,尚没有在国内外输电线路上获得工程实用。由于特高压输电线路换位困难,该方案对特高压输电线路潜供电弧熄灭方案的设计思路具有一定的借鉴价值。

4. 在线注入补偿

有学者提出注入式的潜供电弧抑制措施,其结构如图 1.13 所示。在线路末端接入 Y/△结构的变压器,相当于在输电线路零序电路中增加一个补偿阻抗,通过整流-逆变器结构在线调节有源补偿电路的输出电流,对故障点注入反相电流,实现减小潜供电流的补偿并达到抑制故障点恢复电压的目的,加速潜供电弧的熄灭[75]。图 1.13 中,Z_0 表示二次侧的等效阻抗,N_0 表示二次侧发出的有功功率和无功功率。

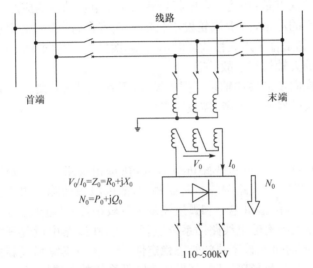

图 1.13 潜供电流的在线补偿阻抗网络

为实现故障点潜供电流的快速精确补偿,功率补偿的快速计算方法是该抑制措施的关键。该抑制措施经济性较差,与此同时,其对系统的影响(系统过电压、供电可靠性、暂态稳定性等)仍有待进一步研究。

5. 混合式单相触发跳闸

当线路发生单相接地故障时,可首先触发故障相跳闸,短路电弧熄灭;大约 10 个周波后,其余健全相触发跳闸,潜供电弧迅速熄灭;为保证弧道的去游离,再过 10~15 个周波,三相断路器快速重合闸[76,77]。

混合式单相触发跳闸有以下两个优点[78,79]:①当故障相清除后,保持非故障相的继续运行可以显著减小电力系统的振荡;②三相触发跳闸和快速重合闸,可以不需要其他硬件设施就能够有效消除潜供电流,经济性最佳。

该方案成功实施的关键在于正确判别故障的性质(永久性故障或瞬时性故

障),以避免三相重合于永久性故障时对系统造成冲击。同时,为提高系统的稳定性,需尽量减小重合闸时间。国内外不少学者针对线路故障类型的特征提取进行了深入研究,文献[78]提出根据故障相电压有效值的变化情况来判别故障类型,文献[79]根据故障点弧道重燃电压的变化情况,计算出潜供电弧的燃弧时间,采用自适应重合闸方式,是对传统固定重合闸的一大改进。

在上述方案的基础上,有学者提出在发生单相接地故障,故障相切除后,可短时再切除一健全相,此时输电线路单相运行,线路两端并没有失去电气联系。此时,由于仅一相线路运行,通过线路电磁耦合在故障点形成的潜供电流较小,可快速灭弧。此后,被切除相重合,输电线路继续供电[80]。

上述方案的缺点是:快速重合闸将导致汽轮发电机轴系响应产生瞬变,加剧对汽轮发电机轴系的冲击,减少汽轮发电机的预期寿命,严重时甚至引起轴系损伤等,特别是当三相重合于永久性故障时,其破坏性更大。美国 Mohave 发电厂曾发生过由此引起的大轴损坏事故[39]。

在易引起次同步谐振和轴系扭振的场合,不宜采用该方案。对于特高压线路,没有使用该方法的经验供参考,需慎重考虑。

6. 线路分区与开关站

当输电线路较长时,可对线路进行分区,在每相线路的中点处设置一个开关站,在线路发生故障后,线路两端断路器跳闸,故障段被切除。由于输电线路的耦合长度短,对应形成的潜供电流和弧道恢复电压较小,潜供电弧易于熄灭。国内外已有许多超高压远距离输电线路因系统运行需要,在线路中设置开关站将线路分段分区,该方案同时可改善系统的暂态稳定性[55]。该方案需增设新的开关与变电站,经济性较差、开关数量较多时,其操作会降低系统的可靠性[4]。

在特高压双回输电线路中,当线路较长且相间耦合较紧密时,可根据具体情况考虑采用线路分区和设置开关站的方法。

综上所述,国内外针对输电线路的潜供电弧,提出了较多的抑制措施,其中并联电抗器中性点加小电抗、HSGS 是当前使用最广泛的两种,但两者也存在一定的缺陷与不足。选择开关式并联电抗器组、在线注入补偿、混合式触发跳闸、线路分区与开关站等措施或经济性较差或技术性不成熟,都需要进一步改进。比较理想的补偿措施是研制智能化的连续可控电抗器,以适应不同类型的线路和运行工况,但在特高压等级获得实用为时尚早,有待于技术进步。

1.2.6　新型工况下的潜供电弧问题

1. 安装氧化锌避雷器式故障限流器的超高压输电线路

随着超高压电网短路电流过大问题的日益严重,氧化锌避雷器式故障限流器

(fault current limiter,FCL) 可望较早获得使用。超高压输电线路存在线路电抗、并联电抗器及线路对地电容及相间电容,在发生单相短路故障及自动重合闸的过程中,这些电感和电容元件可能形成各种不同的振荡回路,并决定线路的自振频率。超高压输电线路安装氧化锌避雷器式 FCL 后,FCL 中包含的电感元件和电容元件将改变系统的自振频率,可能导致潜供电流中含有幅值较大、衰减较慢的低频分量,造成电弧不易自熄,使单相重合闸成功率降低。因此,研究潜供电流特性与单相自动重合闸策略,对氧化锌避雷器式 FCL 在超高压输电线路的实用化设计至关重要。

2. 安装混合无功补偿的特高压输电线路

串补和分级可控高抗相结合的混合无功补偿能兼顾输送功率增长和无功功率频繁调节,有望在特高压输电线路应用。混合无功补偿特高压线路单相接地故障开断时,在串补间隙无法触发的情况下,串补电容器残压通过可控高抗可能发生振荡放电,导致短路电流和潜供电流幅值改变和过零次数减小,直接影响潜供电弧燃弧和自熄的物理特性,甚至导致单相自动重合闸失败。由于相间距离大,特高压输电线路 90% 以上故障是单相接地故障,单相接地故障后自动重合闸成功对提高系统输送容量和可靠性至关重要。为保证特高压输电线路的安全运行和增强系统的稳定性,开展混合无功补偿对潜供电弧特性与自动重合闸策略的研究显得尤为必要。

1.2.7 特高压半波长输电线路潜供电弧问题

超长距离特高压半波长交流输电兼具技术与经济优势,在我国的应用前景广阔,近年来受到广泛关注[81-85]。国家电网针对半波长输电技术,已开展多项可行性研究,并进行战略规划,开展相关理论探索与技术创新研究,具有重要的理论意义与工程价值。特高压半波长输电线路的电压等级高,输电距离超长,传输功率大,潜供电弧表现出许多独有的物理特征[75]:①潜供电流和弧道恢复电压的数值很大,潜供电弧熄灭异常困难;②潜供电流的电磁感应分量和静电感应分量与常规线路不同,燃弧特性可能发生变化;③线路结构的特殊性,使得传统的潜供电弧抑制方法已不再适用。需建立新的等效实验回路,针对其物理特性开展研究。

1.3 本书主要内容

如上所述,人们针对潜供电弧的物理特性及其抑制技术开展了大量的研究,但仍有不少关键问题尚待探索和深入分析,涉及潜供电弧的物理特性、数学建模、与电力系统的交互作用机理、抑制措施等方面,其构成了本书的主要研究内容。

1. 潜供电弧模拟实验研究

采用低压模拟实验研究潜供电弧的物理特性。在以往实验研究的基础上,进一步丰富完善,建立特高压输电线路潜供电弧模拟实验平台,研究不同补偿方案下长间隙潜供电弧的燃弧时间、谐波畸变率、伏安特性、潜供电弧弧根和弧柱的运动特性及其形成机理;研究潜供电弧不规则运动对电弧电流、电压的影响规律;研究潜供电弧熄灭重燃的特征。

2. 潜供电弧多物理场耦合动力学与起始位置随机性建模

采用链式电弧模型,建立纳入电磁力、热浮力、空气阻力和风力的多物理场耦合动力学模型;通过对弧根的形成和运动机理分析,建立潜供电弧的弧根模型,并提出电流元最优长度和位置的选取方法;在潜供电弧起始位置随机性建模计算方面,分析短路电弧转化潜供电弧过程的物理机制,提出潜供电弧起始位置随机性的数学模型;通过计算得到电弧电导率和温度的关系曲线,获得电弧电导率沿着半径方向的分布特性;将潜供电弧起始位置随机性模型纳入潜供电弧多物理场耦合动力学模型中,计算获得具有随机性的潜供电弧运动轨迹和燃弧时间。

3. 潜供电弧运动物理机制研究

潜供电弧运动过程中间歇性地发生不规则运动,如弧根跳跃现象、弧柱短路等;在潜供电弧多物理场耦合动力学模型的基础上,纳入电磁力、热浮力、风力和空气阻力的作用,通过仿真分析揭示上述运动特性的物理机制。

4. 潜供电弧等离子体数值模拟

建立基于 COMSOL 有限元的潜供电弧放电过程的数值模型,通过系数型偏微分方程组描述潜供电弧故障初始阶段放电过程中正离子、负离子、电子的产生、吸附、复合、中和等反应过程,并结合电场高斯定理,考虑离子分布对空间电场的影响;采用瞬态分析法模拟电弧的产生、扩散和吸附过程,获得放电过程中正离子、负离子、电子的空间分布情况。

5. 潜供电弧图像识别与三维重构

为诊断潜供电弧的形态参数,通过图像灰度化、自适应中值滤波、图像分割、拉普拉斯边缘检测等手段,对潜供电弧图像进行处理,提取清晰的电弧轮廓,获得电弧不规则运动瞬时的空间位置,潜供电弧的半径、长度、面积等关键特征参数。三维重构是计算机视觉中的重要分支,它通过对采集的图像或视频进行处理以获得三维场景信息。潜供电弧在空间中的运动复杂多样,二维图像难以全面表达电弧运动的所有特征信息,本书对电弧图像进行了三维重构,以获取准确的电弧运动图像和全面的信息。

6. 潜供电弧电磁暂态特性

从"路"的角度出发,完善潜供电弧熄灭重燃机理的分析方法:将单相接地故障分为 4 个阶段,分别建立对应的复频域电路模型,分析电路状态转换过程中元件的初始储能状态,综合研究潜供电弧发展过程中的随机变量(故障时间、故障地点、断路器跳闸时刻、潜供电流过零时间)以及线路参数对潜供电弧零休阶段恢复电压上升率的影响。

计算分析潜供电弧电阻、并联电抗器高抗、中性点小电抗、故障位置等参数对潜供电流暂态过程的影响;基于等效阻抗网络和拉普拉斯变换方法,获得潜供电流自由分量的振荡频率、衰减系数与系统参数的关系,从理论上解释潜供电流自由分量的产生机理。

7. 潜供电弧抑制措施研究

考虑到现有潜供电弧抑制措施的不足,创新性地提出一种简单、有效的新型方法,适应于超/特高压等级输电线路;给出该抑制措施的工作原理、拓扑结构、操作时序,并基于等效电路法给出该抑制措施参数的设计方法;进行大量的仿真计算,并与常规抑制措施的效果进行比较,验证该方法的优越性与有效性;总结该抑制措施的不足之处,并给出对应的完善方法,可作为现有潜供电弧抑制措施的一种补充。

8. 复杂工况下的潜供电弧问题

针对安装氧化锌避雷器式 FCL 的超高压输电系统,分析旁路开关的断开时间和弧道电阻对潜供电流特性的影响,研究潜供电流自然振荡频率与衰减系数的变化情况,阐述潜供电流低频分量的产生机理。在此基础上,提出限流器与单相自动重合闸的时序配合策略,消除可能的潜供电流低频分量对重合闸的不利影响,同时兼顾限流器的自恢复特性。

针对安装混合无功补偿特高压输电线路,建立单相瞬时故障输电线路电磁耦合模型;基于暂态仿真和拉普拉斯变换方法,得到混合无功补偿对潜供电弧的影响规律;考虑不同串补电容器和可控高抗的补偿度、中性点小电抗、弧道电阻,研究获得潜供电流主要频率分量及燃弧时间的变化规律,提出混合无功补偿与单相重合闸的时序配合策略。

9. 特高压半波长输电线路的潜供电弧特性

　　针对特高压半波长输电线路潜供电弧的物理特性,建立简化的输电线路电磁耦合模型,推导理想半波长输电线路的潜供电流及弧道恢复电压的表达式;基于EMTP研究线路传输功率、调谐网络、线路长度等对潜供电流与恢复电压的影响;提出基于HSGS的沿线非均匀优化配置方案,并仿真计算潜供电弧的燃弧时间特性,给出半波长输电线路的单相自动重合闸配合时序。

第2章　潜供电弧物理模拟实验研究

国家电网针对潜供电弧课题,先后三次立项,进行了低压模拟实验,分别研究330kV及以下电压等级输电线路、500kV超高压输电线路(包括750kV等级)、1000kV特高压输电线路(包括单回与同塔双回)潜供电弧的物理特性[23]。上述研究结合我国线路的实际情况,主要针对线路安装并联电抗器加小电抗器这一抑制措施,涵盖未补偿、欠补偿、过补偿等工况。本章在上述研究的基础上,进一步丰富完善,针对现有常规特高压输电线路,进行了低压模拟实验研究;采用典型实验回路及其参数,比较不同方案下潜供电弧燃弧特性,研究弧根、弧柱的运动特征,并探讨其对电弧电流、电压的影响,研究潜供电弧熄灭重燃的物理现象。

2.1　实　验　设　计

2.1.1　总体设计思路

(1) 模拟实验在中国电科院高压所大功率开关试验站进行。采用典型并联实验回路拓扑结构,进行潜供电弧低压模拟实验。分析不同电流、恢复电压梯度、风速风向等组合条件下的燃弧时间差,研究潜供电弧的非线性特征。

(2) 每组方案进行实验10到15次不等,获得10个有效数据,总实验次数接近300次。

2.1.2　实验回路拓扑

本节采用的并联实验回路结构如图2.1所示。

开关操作顺序为:先将断路器CB_1闭合,以模拟产生一个电感性的引弧电流,镍铬线在大电流作用下气化形成电弧通道,引弧电流的大小为1kA等级。0.1s以后闭合断路器CB_2,迅速打开断路器CB_1,潜供电弧起始。实际的实验回路中需加装避雷器以防止开关操作过程中产生过电压等问题,对电容器、电感等进行充分保护。同时安装隔离开关,以保证实验过程中人员的安全。

2.1.3　实验回路参数

模拟实验中的电容、电感参数如表2.1所示。

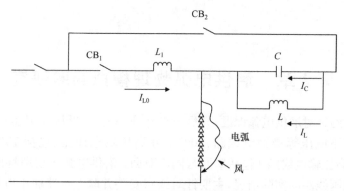

图 2.1　潜供电弧模拟实验回路

表 2.1　实验参数

潜供电流有效值/A	电流性质	电容值 $C/\mu F$	电感值 L/H
	未补偿	4	—
15	欠补偿	12	1.2
	过补偿	12	0.6
	未补偿	8	—
30	欠补偿	16	1.2
	过补偿	8	0.6

2.1.4　实验设备规格

主要实验设备的规格如表 2.2 所示。

表 2.2　潜供电弧实验仪器及测量设备

设备	规格
电容器	BFM19-250-1W
电抗器	CKSG-216/35-6
绝缘子	LXP-240
断路器	ZN63A-12、SPV-12/630、ZN12-40.5kV
示波器	YOKOGAWA-DL850,采集率 1Mbit/s
引弧材料	镍铬丝,直径 0.15mm
风速测量仪	Tesco 405-V1
高速摄像系统	镜头:Nikon ED AF Nikkor 80~200mm,1:2.8D 摄像系统:Motion Pro X3 Plus,帧率 500 帧/s

　　实验过程中,长间隙空气电弧运动图像经 CCD 摄像头转化为数字信号储存在高速摄像仪内,经过并行通信,图像被传送到计算机。CCD 传感器遇到的光强较

强时,会产生过饱和现象,实验中需在摄像头前加装深色滤光片,同时需调节摄像头光圈大小至合适水平,以防止产生眩光混淆,影响对电弧形态的分辨。图 2.2、图 2.3 分别为模拟实验现场及相应的实验设备。

(a) 实验间　　　　　　　　　　　　(b) 实验线路

图 2.2　潜供电弧模拟实验现场

(a) 电容器组　　　　　　　　　　　(b) 真空断路器

(c) 风扇　　　　　　　　　　　　(d) 镍铬丝

(e) 分压器　　　　　　　　　　　(f) 霍尔线圈

(g) 示波器　　　　　　　　　　(h) 高速摄像系统

图 2.3　潜供电弧模拟实验设备

实验注意事项如下：

（1）一次回路工作接地、二次测量部分保护接地分开，一次回路工作接地通过绝缘导线来实现；

（2）将分压器低压信号经数据采集信号箱接入示波器，以保护示波器和实验人员安全；

（3）实验中 B 相的阻抗调整至最大以防止意外事故发生；

（4）实验前，对分压器、电容器做耐压检测，以检查其是否故障；

（5）真空断路器采用多断口串联以提高开合的可靠性，防止重燃；

（6）使用避雷器保护电容器等电气设备，并限制回路过电压，避雷器参数需与回路过电压水平匹配。

2.2　实验结果

2.2.1　潜供电弧燃弧时间

不同潜供电流、恢复电压梯度下的燃弧时间如表 2.3～表 2.5 所示。

表 2.3　无补偿情况潜供电弧燃弧时间

潜供电流 有效值/A	恢复电压 梯度/(kV/m)	燃弧时间 平均值/s	90%燃弧 时间/s
	17.1	0.112	0.168
15	21.9	0.085	0.136
	30.5	0.128	0.168
	17.1	0.200	0.278
30	21.9	0.232	0.356
	30.5	0.280	0.318

表 2.4　欠补偿情况潜供电弧燃弧时间

潜供电流 有效值/A	恢复电压 梯度/(kV/m)	燃弧时间 平均值/s	90%燃弧 时间/s
	17.1	0.021	0.056
15	21.9	0.049	0.119
	30.5	0.046	0.097
	17.1	0.050	0.078
30	21.9	0.096	0.128
	30.5	0.110	0.166

表 2.5　过补偿情况潜供电弧燃弧时间

潜供电流 有效值/A	恢复电压 梯度/(kV/m)	燃弧时间 平均值/s	90%燃弧 时间/s
	17.1	快速自灭	—
15	21.9	快速自灭	—
	30.5	快速自灭	—
	17.1	0.099	0.100
30	21.9	0.169	0.234
	30.5	0.2517	0.2943

对于特高压输电线路,潜供电弧的燃弧时间不仅取决于潜供电流有效值与恢复电压梯度,还与电流的性质有关。当输电线路无并联电抗补偿时,潜供电流为容性,相同条件下潜供电弧的燃弧时间最长。当输电线路安装并联电抗器进行补偿时,随着补偿度的增加,对应电流的性质发生变化。补偿条件下,潜供电弧的燃弧时间大大缩短,且随着补偿度的不同,存在较大差异。

　　不同补偿方案下的潜供电弧电流、电压及其熄灭时刻的恢复电压分别如图 2.4～图 2.6 所示。

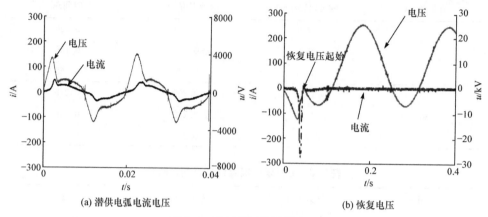

图 2.4　无补偿下的潜供电弧

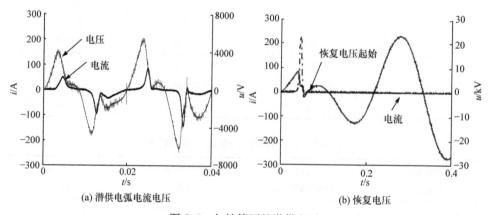

图 2.5　欠补偿下的潜供电弧

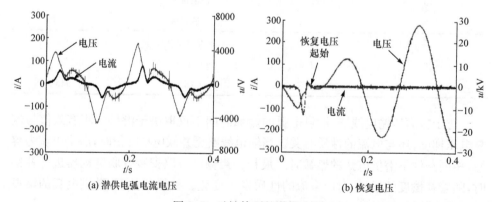

图 2.6　过补偿下的潜供电弧

潜供电弧与周围空间的能量过程主要取决于电弧电流值的大小，与电流的性质关系很小。不同补偿方案下，潜供电弧电流、电压、电阻的非线性特性非常近似。电流过零时弧道的恢复电压上升率是影响其熄灭的关键因素。当无补偿时，电流过零，恢复电压快速上升，电弧最难熄灭，燃弧时间较长。不同补偿方案下，潜供电弧弧道的恢复电压上升率差别较大，导致燃弧时间存在差异。

在模拟实验过程中，自起弧开始电弧弧柱中各小段运动方向各异，在三维空间中不同维方向都产生了一定位移。通过大量的电弧图像观测，确定电弧位移的主方向，并在此方向基础上建立三维坐标系：假定无风条件下电弧运动方向主要指向 X 轴正向，垂直地面向上所指为 Z 轴正向。表 2.6 给出了不同风速、风向等条件对潜供电弧燃弧时间的影响（风垂直于弧道，潜供电弧电气参量：电流 30A，恢复电压梯度 30kV/m，欠补偿）。

表 2.6　风对潜供燃弧时间的影响

风速/(m/s)	风向	燃弧时间平均值/s	90%燃弧时间/s
	X 轴负向	0.123	0.152
	Y 轴负向	0.111	0.156
1.5	Y 轴正向	0.061	0.098
	X 轴正向	0.047	0.049
	X 轴负向	0.056	0.097
	Y 轴负向	0.056	0.117
2.5	Y 轴正向	0.053	0.118
	X 轴正向	0.040	0.039

风力作用下潜供电弧的燃弧时间迅速减小。当风向与电弧运动方向相反时，燃弧时间相对较长；当风向与电弧运动方向相同时，燃弧时间相对较短；当风向与电弧运动方向成 90°垂直夹角时，燃弧时间介于上述两者之间。

2.2.2　谐波特性

在电力系统中傅里叶变换被广泛应用于谐波分析，其变换形式为

$$X_k = \sum_{n=0}^{N-1} x(n) \mathrm{e}^{-\mathrm{j}\frac{2\pi}{N}nk}, \quad 0 \leqslant k \leqslant N-1 \tag{2-1}$$

其中，$x(n)$ 为采样数据；N 为采集点数；k 为谐波次数。设 $U_k = |X_k|$，则谐波分量总和 D 与总谐波畸变率 σ_{THD} 分别为

$$D = \sqrt{\sum_{k=2}^{N} U_k^2} \tag{2-2}$$

$$\sigma_{\mathrm{THD}} = \frac{D}{U_1} \times 100\%　　　　　　　　(2\text{-}3)$$

图 2.7、图 2.8 分别给出了某典型短路电弧、潜供电弧电流与电压的谐波含量情况。

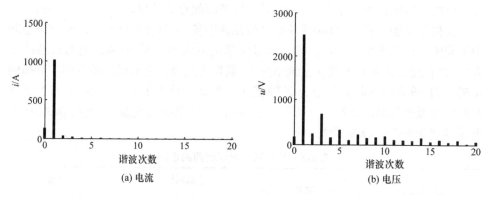

(a) 电流　　　　　　　　　　　(b) 电压

图 2.7　短路电弧谐波

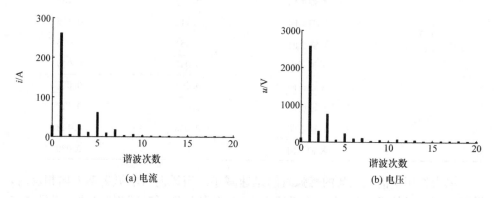

(a) 电流　　　　　　　　　　　(b) 电压

图 2.8　潜供电弧谐波

短路电弧电流的总体畸变程度较小,其工频分量比重很大,而电压畸变程度较大,其中 3 次、5 次谐波等奇数次谐波的比重较高;针对潜供电弧,其电流畸变程度较短路电弧电流明显严重,5 次谐波占了较高比例,在电压中 3 次谐波占了较高比例,其与工频分量的比值达到 26%。短路电弧与潜供电弧电流、电压的总谐波畸变率如表 2.7 所示。

表 2.7　电弧总谐波畸变率

短路电弧		潜供电弧	
电流	电压	电流	电压
3.9%	35.6%	27.6%	32.7%

总谐波畸变率反映了电弧电流与电压的畸变程度,可作为评估单相接地过程电弧发展的重要判据。

2.2.3　电弧伏安特性

典型短路电弧与潜供电弧的伏安特性曲线如图 2.9 所示。

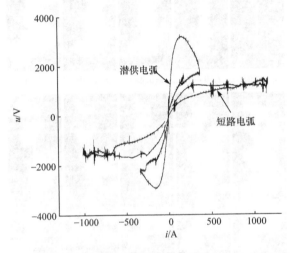

图 2.9　电弧的伏安特性

电弧的伏安特性类似于磁滞回环形状,大电流短路电弧与小电流潜供电弧,因电弧能量的输入过程以及与周围空间能量交换过程的差异,在伏安特性方面存在较大差别。其中短路电弧的电弧时间常数 τ 较大,随着电流的变化,电压变化相对较小,电弧电阻值变化也较小;潜供电弧的电弧时间常数 τ 较小,随着电流的变化,电压变化迅速,电弧电阻值变化也较大。

2.2.4　电弧运动特性

1. 短路电弧

采用高速摄像机拍摄了故障电弧发展的全过程,典型短路电弧的燃弧图像如图 2.10 所示(帧率:500 帧/s)。

在短路大电流作用下,绝缘子串附近的空气迅速气化,形成电弧等离子体通道,即使在电流过零时刻,由于弧道中原有的大量等离子体来不及消散,其电弧的亮度依然很强。短路电弧电流值较大,弧道各部分受力也较大[85],弧道运动速度较快,且各部分运动方向各异,变化非常剧烈。由于大电流短路电弧持续时间较短(约 0.1s),其整体长度的拉升程度并不明显。

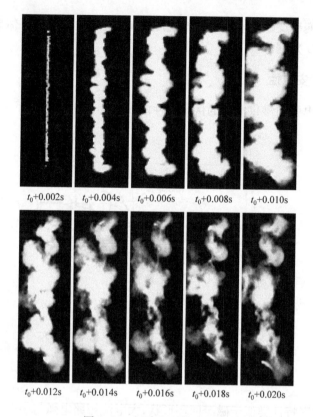

$t_0+0.002s$　　$t_0+0.004s$　　$t_0+0.006s$　　$t_0+0.008s$　　$t_0+0.010s$

$t_0+0.012s$　　$t_0+0.014s$　　$t_0+0.016s$　　$t_0+0.018s$　　$t_0+0.020s$

图 2.10　短路电弧燃弧图像

2. 潜供电弧

在大电流短路电弧熄灭之后,小电流潜供电弧在原有等离子体通道中继续燃烧,图 2.11 给出了一个周期内小电流潜供电弧的燃弧图像。电弧两侧的阴极与阳极因聚集着大量的等离子体,其亮度较强,弧柱的亮度相对较弱,且随电流瞬时值的变化而周期性变化。图 2.11 中可看到明显的弧柱短接现象,对应电弧弧柱的通道发生变化。磁场力的作用使得电弧不断发生偏转变形,受弧根的积极影响,电弧弧柱并没有在磁场力作用下一直运动,而是在某一位置附近做往复运动。弧柱受到热浮力的作用,同时有向上运动的趋势,尤其是弧柱的上部,在纵向上的位移较大。电弧发展后期,受到热浮力的影响,弧柱上部不断向上漂移,使得电弧的整体长度变化迅速,且不断拉长,以至于电弧输入功率难以支撑电弧燃烧,最终熄灭。

3. 风对电弧运动的影响

图 2.12、图 2.13 给出了风力作用下短路电弧与小电流潜供电弧的运动轨迹。

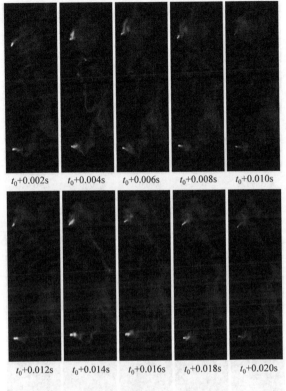

$t_0+0.002\text{s}$　$t_0+0.004\text{s}$　$t_0+0.006\text{s}$　$t_0+0.008\text{s}$　$t_0+0.010\text{s}$

$t_0+0.012\text{s}$　$t_0+0.014\text{s}$　$t_0+0.016\text{s}$　$t_0+0.018\text{s}$　$t_0+0.020\text{s}$

图 2.11　潜供电弧燃弧图像

风垂直于弧道,与无风条件下的电弧运动轨迹方向相反,风速为 1.5m/s。

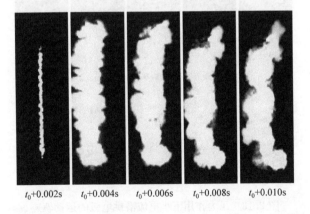

$t_0+0.002\text{s}$　$t_0+0.004\text{s}$　$t_0+0.006\text{s}$　$t_0+0.008\text{s}$　$t_0+0.010\text{s}$

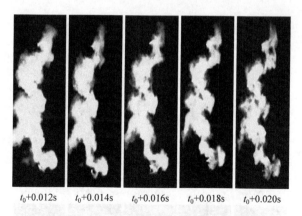

$t_0+0.012$s $t_0+0.014$s $t_0+0.016$s $t_0+0.018$s $t_0+0.020$s

图 2.12　风力作用下短路电弧的运动轨迹

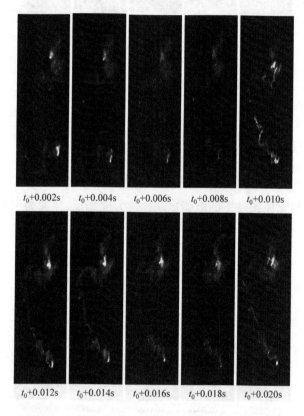

$t_0+0.002$s $t_0+0.004$s $t_0+0.006$s $t_0+0.008$s $t_0+0.010$s

$t_0+0.012$s $t_0+0.014$s $t_0+0.016$s $t_0+0.018$s $t_0+0.020$s

图 2.13　风力作用下小电流潜供电弧的运动轨迹

　　通过大量观测风力作用下的电弧图像,并与无风条件下的情况进行对比,可观测到如下规律。

　　(1) 弧根处受到的电磁力相对较大,风对弧根的影响较小;弧柱受到的电磁力相对较小,而受风的影响很大,特别是弧柱的中间部分,很小的风即可使弧柱的运动方向发生彻底变化。

（2）风会增加弧柱运动的不稳定性,风力作用下的弧柱运动更加剧烈,其运动速度加快,使电弧拉升变长的速度增加。同时,由于热浮力与风的共同作用,弧柱靠近上弧根的位置运动相对更快,不断与上电极发生短接,弧根的跳跃次数较无风条件下明显增加;弧根的跳跃又反过来改变了弧柱的通道,进一步增加了燃弧的随机性。

（3）风一方面使得电弧不断拉长,电弧的散热功率增加,另一方面也加速了电弧等离子体的去游离过程。通常情况下,风力作用下的燃弧时间大大减小,且燃弧时间的分散性也减小。表 2.8 给出了不同风力条件下潜供电弧燃弧时间的统计值,其中 1.5m/s 风速下的风向垂直于弧道,与无风条件下电弧弧道横向运动轨迹的方向相反。

表 2.8　风对潜供电弧燃弧时间的影响

潜供电弧电气参量	风速/(m/s)	燃弧时间平均值/s	90%燃弧时间/s	燃弧时间标准差/s
240A、6.94kV/m	1.5	0.340	0.396	0.142
	0~0.5	0.479	0.884	0.246

潜供电弧运动过程中,电弧长度不断变化,由于弧柱各段的运动方向不同,其总体趋势是弧柱不断伸伸变长。潜供电弧起始至熄灭前的运动长度的变化情况如图 2.14 所示。潜供电弧熄灭前随着电弧长度不断拉大,电弧弧柱的热损耗也相应增加。潜供电弧熄灭前,对应的弧柱近似最长,电子和正离子的复合与扩散作用很强,去游离过程远大于游离过程,电弧的输入能量不足以支撑电弧的燃烧,最终导致电弧熄灭。

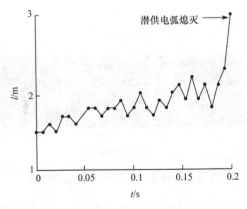

图 2.14　潜供电弧起始至熄灭前的运动长度的变化

2.2.5　潜供电弧间歇性不规则运动及其影响

通过高速摄像机拍摄潜供电弧产生、发展直至熄灭的全过程,观测潜供电弧的物理过程。大量实验表明,弧柱通常运动剧烈,而弧根相对不易移动。弧根是电弧运动的关键制约因素。电弧横向运动时,阴极弧根和阳极弧根有着明显的极性效应,运动特性不同。阴极弧根几乎不运动,或者是连续移动,而阳极弧根的运动则呈跳跃式。

1. 阳极弧根

阳极弧根主要由空气分子碰撞电离产生的正离子、电子组成,此外还含有少量空气中性分子和引弧线气化产生的金属离子,如图 2.15(a)所示。由于正离子和电子运动速度相反,在电磁力的作用下会发生明显的位移,图 2.15(b)给出了阳极弧根半个周期内的变化过程,其中 O 处为阳极电极的位置,白色箭头指向处为阳极弧根明显发生位移处。

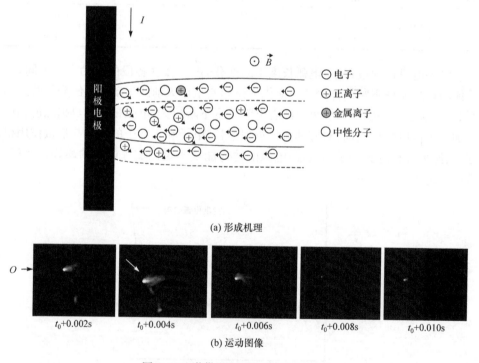

图 2.15　潜供电弧阳极弧根运动图像

阳极弧根运动过程中常发生弧根跳跃现象,对应的电弧电流、电压发生变化,如图 2.16 所示。

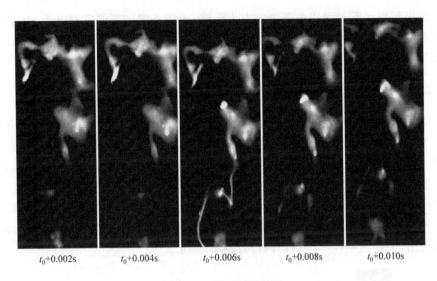

| $t_0+0.002s$ | $t_0+0.004s$ | $t_0+0.006s$ | $t_0+0.008s$ | $t_0+0.010s$ |

图 2.16   阳极弧根跳跃

在 $t_0+0.004s$ 时刻,因弧柱通道距离阳极电极较近,同时电压接近峰值,阳极电极附近空间电场强度很大,电弧发生击穿,形成新的阳极弧根。此时两阳极弧根短时并存,原阳极弧根由于电阻较大,最终被新弧根代替。

以往的研究表明,阳极弧根存在两种跳跃现象,且第一种多发生在弧根极性从阴极转化为阳极的时刻[86]。第二种则多发生在电压峰值时,此时阳极附近电场强度高,很容易发生击穿。

当阳极弧根发生跳跃或电弧弧柱短接时,弧长变短,电弧两端电压将出现骤降,如图 2.17 所示。

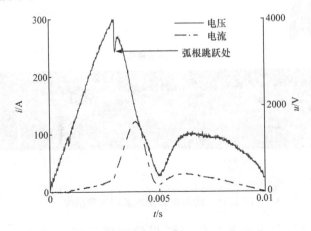

图 2.17   阳极弧根发生跳跃时潜供电弧电流与电压

　　阳极弧根跳跃时潜供电弧电压发生骤降,由于不增加新的发射电子,电流值几乎没有变化。因为潜供电弧总长度远大于弧柱短接长度,所以电弧压降值相对较小,但一定程度上会减少电弧通道的输入能量,增加燃弧的随机性。

　　2. 阴极弧根

　　潜供电弧阴极弧根主要由金属阴极中发射的电子束、少量的空气中性分子、引弧线气化产生的金属离子等组成,如图 2.18(a)所示。由于形成新的电子发射点较难,阴极弧根位置通常较为固定[86]。电子束运动速度非常高,因此看到的图像中阴极弧根几乎不动。由于质量相对较大,金属阴极附近的正离子的运动速度较慢,对阴极弧根影响不大,在电磁力的作用下,会吸附到阴极电极上。图 2.18(b)是实验拍摄的阴极弧根在半个周期内的运动图像,其中 O 处为阴极电极的位置。可以看出,阴极弧根在半个周期内位置基本不动。

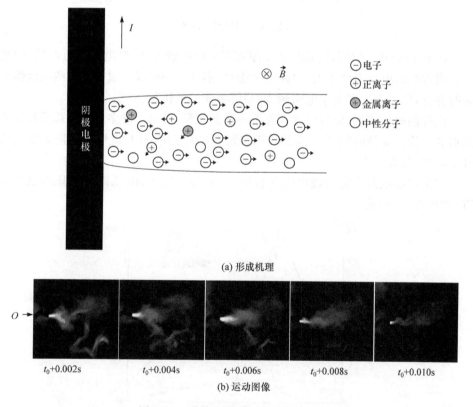

(a) 形成机理

$t_0+0.002s$　　　$t_0+0.004s$　　　$t_0+0.006s$　　　$t_0+0.008s$　　　$t_0+0.010s$

(b) 运动图像

图 2.18　潜供电弧阴极弧根运动图像

　　实验过程中偶尔出现新的阴极弧根激发现象,对应的电弧电流增大,如图 2.19 所示。

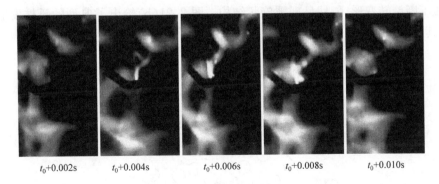

$t_0+0.002s$　　$t_0+0.004s$　　$t_0+0.006s$　　$t_0+0.008s$　　$t_0+0.010s$

图 2.19　潜供电弧激发

在 $t_0+0.004s$ 时刻,在阴极附近产生了一个较小的新的电子发射点,两阴极弧根短时并存,直至电弧过零时消失。新阴极弧根通常较难产生,且一旦产生,两者的空间距离通常非常接近,较难分辨。对应的潜供电弧电流和电压波形如图 2.20 所示。

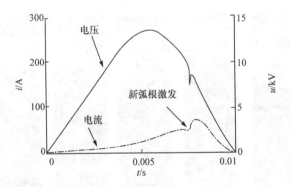

图 2.20　阴极弧根发生跳跃时潜供电弧电流与电压

阴极弧根激发时电弧电流增大,电阻减小,电压下降,电弧的输入能量发生变化。

3. 弧柱

潜供电弧弧柱主要由空气电离产生的正离子、电子和中性分子组成,如图 2.21(a)所示。弧柱形状比较复杂,部分段呈螺旋形结构,常出现短路、部分消亡现象,易形成弧根跳跃,由于热浮力的作用具有向上运动的趋势。潜供电弧处于开放环境中,受外界影响较大。弧柱等离子体中电子、离子一方面沿着电场力的方向移动,另一方面受到周围空间电磁力的作用。该电磁力由流过实验回路和铜电极的电流、电弧本体电流形成的磁场产生。前者使弧柱发生水平上的位移,后者使电弧不断旋转变形,弧柱呈现螺旋状结构。图 2.21(b)给出了典型的弧柱发展过程,其中 U、L 为上下电极位置。

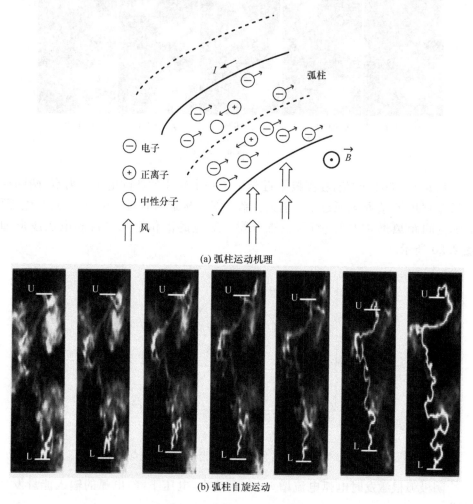

(a) 弧柱运动机理

(b) 弧柱自旋运动

图 2.21 潜供电弧弧柱运动特性

2.2.6 潜供电弧熄灭特性

通过观察大量的实验数据,总结出潜供电弧熄灭的两类不同情况。

1. 稳定燃弧,自然过零熄弧

潜供电弧燃烧一直较稳定,在电弧发展后期,由于电弧输入能量无法支撑电弧燃烧而最终在电流过零点时自然熄灭。潜供电弧电流与电压波形如图 2.22 所示。潜供电弧熄灭前 0.01s 内电弧的图像如图 2.23 所示。

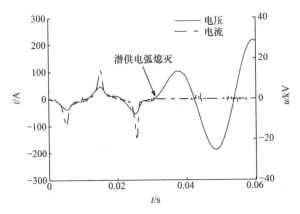

图 2.22　潜供电弧电流与电压

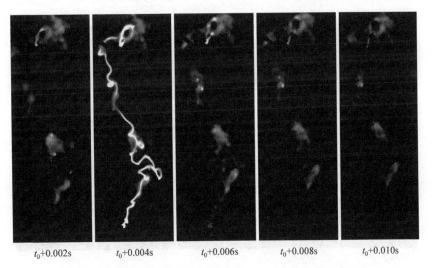

$t_0+0.002$s　　　$t_0+0.004$s　　　$t_0+0.006$s　　　$t_0+0.008$s　　　$t_0+0.010$s

图 2.23　潜供电弧图像(稳定燃烧,自然过零熄弧)

2. 不稳定燃烧,弧后击穿

潜供电弧前期燃烧较稳定,在电弧发展后期,电流自然过零熄弧,经过数毫秒的延时,暂态恢复电压迅速起始,在其值增大到一定程度,超过介质恢复强度时,电弧两端电极发生重击穿,电弧再次起始,此后过零熄灭。严重条件下,上述击穿过程将发生 3~4 次。潜供电弧熄灭前电流与电压波形如图 2.24 所示。

潜供电弧熄灭前 0.010s 内电弧的图像如图 2.25 所示。

由于在电弧电流过零后,间隙中仍有着大量残余等离子体,弧隙实际仍是一个具有一定电阻的导体,加速电弧周围等离子体的去游离过程,将有助于电弧的过零稳定熄灭,防止产生重燃。

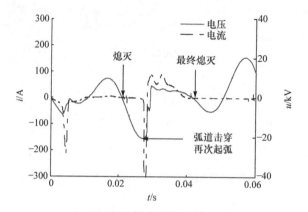

图 2.24　潜供电弧熄灭前电流与电压

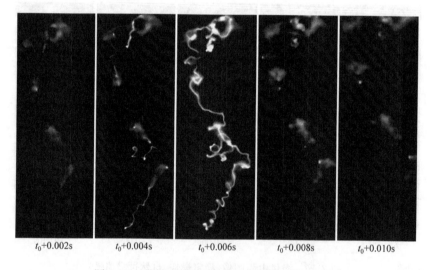

图 2.25　潜供电弧图像(不稳定燃烧,弧后击穿)

2.3　本 章 小 结

　　(1) 不同补偿方案下,潜供电弧电流过零时,弧道恢复电压上升率差别较大,导致燃弧时间产生差异。相同条件下,未补偿时的潜供电弧最难熄灭,燃烧时间最长。潜供电弧的伏安特性呈磁滞回环形状,其电流、电压中含有大量的谐波,可作为单相接地故障电弧发展过程的重要参考判据。

　　(2) 潜供电弧弧柱运动非常剧烈,阴、阳极弧根运动特性不同,具有极性效应。电弧运动改变潜供电弧的电流、电压特性,影响燃弧的稳定性;阳极弧根跳跃或弧柱短接时,电弧两端电压将出现骤降,电流变化较小;新的阴极弧根激发时,电弧电流增加,电压减小。

(3) 潜供电弧熄灭存在两种不同情况,其中第一种为稳定燃烧,电流过零自然熄弧;第二种为短暂熄灭,经过数毫秒的延时,暂态恢复电压迅速起始,弧道击穿,电弧再次起始,此后快速灭弧。

(4) 风力是影响潜供电弧物理特性的关键因素。风是电弧运动轨迹,特别是弧柱运动方向与运动轨迹的决定性因素;风会增加电弧运动的不确定性,风力作用下电弧上弧根的跳跃以及弧柱的短接现象明显增加;而在风力作用下,电弧的燃弧时间及其分散性均大大减小。加速电弧通道等离子体的去游离过程,将有助于电弧的自然熄灭,防止重燃。

第 3 章　潜供电弧多物理场耦合动力学与起始位置随机性建模

随着数值计算技术的不断进步,潜供电弧的建模和仿真已成为探索电弧燃弧特性的重要手段。通过动力学建模和仿真可以获得潜供电弧发展过程中的运动形态和关键参数。现有潜供电弧模型中,电弧所受到的作用力并没有完全被考虑,并且对于弧根的起始和运动也缺乏定量准确的表征,相关运动动力学模型亟须改进。另外,现有模型中未纳入起始位置随机性的影响,与实际工况存在一定的差距,需要进一步完善,以揭示潜供电弧起始发展的物理机制。

3.1　潜供电弧多物理场耦合动力学模型

3.1.1　弧柱模型

潜供电弧弧柱存在径向不均匀性,沿着电弧长度方向的电弧直径也是不相等的,潜供电弧在空间中的形态近似于弯曲的不规则圆柱体[87]。电弧中间明亮的部分为弧柱,所有的电流在它中间通过。电弧弧柱周围较宽广且亮度较低的外壳为光圈,是围绕着弧柱受热并已发光的气体,但它的温度还不能使气体产生足够的电离,通过电弧通道内的电流主要集中在中间明亮的部分,通常情况下认为此部分为电弧的直径。另外,潜供电弧的长度要远远超过其横截面积,沿着电弧长度方向,潜供电弧直径的变化相对于潜供电弧长度可以忽略。因此,为便于定量分析,可将弧柱近似看作弯曲的圆柱体。由于电弧是一种高温电离气体,在实际的输电线路中,外力(如风力、外界磁场甚至电弧本身的磁场)的作用使电弧被拉长、卷曲从而形成十分复杂的形状。因此,本章引入链式电弧模型,将电弧离散化为一系列小的电流元,通过对每个电流元进行分析,可以得到电弧实时形状变化和运动情况,具有较高的准确度。

长间隙潜供电弧被分为一系列小的单元,并且忽略沿半径方向的参数变化。通过分析每个电流元所受到的作用力,就可以得到每一个电流元的加速度和运动位置,最后计算得到下一时刻整个电弧的运动形状,如图 3.1 所示。

本书首先定义起始时刻每个电流元的方向和位置,如图 3.2 所示。第 i 个电流元 G_i 的位置由其重心位置决定,其轴向向量由其相邻的两个电流元 G_{i-1} 和 G_{i+1} 决定,第 i 个电流元的长度为 l_{ai} 的模。其中

$$l_{ai} = \frac{1}{2}\overrightarrow{G_{i-1}G_{i+1}} \tag{3-1}$$

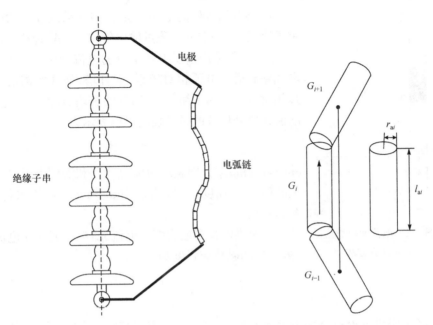

图 3.1　链式电弧模型示意图　　　　图 3.2　潜供电弧电流元示意图

电弧在运动过程中每个电流元均处在电磁力 F_{mi}、热浮力 F_{ti}、风力 F_{wi} 与空气阻力 F_{ai} 的共同作用下,如图 3.3 所示。利用链式电弧模型,可将整个电弧受力细化为每个电流元受力。

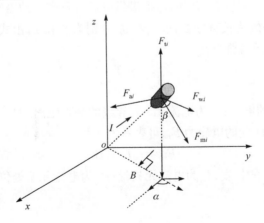

图 3.3　电流元受力示意图

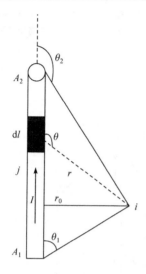

图 3.4　电流元磁感应
强度计算方法

1. 电磁力模型

潜供电弧所处的电磁场是影响电弧运动形状的最重要因素,它一部分由流过输电线路、杆塔、地线的电流产生,另一部分由潜供电弧本身的电流产生[86,88,89]。输电线路和潜供电弧相对较近,而杆塔、地线距离潜供电弧相对较远。为了简化计算,忽略杆塔、地线中的电流,电流元所处位置的磁场强度可以表示为

$$B_i = B_{1i} + B_{2i} \tag{3-2}$$

其中,B_{1i} 和 B_{2i} 分别表示由输电线路和潜供电弧自身产生的磁感应强度,可以通过 Biot-Savart 定律求得,如图 3.4 所示。

将潜供电弧离散为多个电流元,电流元 j 在电流元 i 处产生的磁感应强度为

$$B_{ji} = \int_{A_1}^{A_2} dB_{ji} = \int_{A_1}^{A_2} \frac{\mu_0}{4\pi} \frac{Idl \times r}{r^3} = \frac{\mu_0 I}{4\pi r_0} (\cos\theta_1 - \cos\theta_2) e_B \tag{3-3}$$

其中,I 为潜供电流;Idl 为电流元 j 的计算单元,dl 方向与电流方向相同;r 为电流元 j 的计算单元与待求点之间的距离,r 的方向为电流元 j 的计算单元指向待求点;θ 为 Idl 与 r 之间的夹角;μ_0 为真空磁导率,其值为 $4\pi \times 10^{-7} \text{N/A}^2$;$e_B$ 为垂直于 Idl 与 r 所在平面的单位向量;A_1 和 A_2 为计算中电流元 j 的起始位置和终止位置;θ_1 和 θ_2 分别为 A_1 和 A_2 与待求点之间的夹角。将所有离散化的电流元在电流元 i 处产生的磁感应强度 B_{ji} 叠加,可得潜供电弧自身产生的磁感应强度 B_{2i}。

将输电线路等效为长直导线,取 θ_1 和 θ_2 分别为 0 和 π,由式(3-3)可得导线在电流元 i 处产生磁感应强度为

$$B_{1i} = \frac{\mu_0 I_l}{2\pi r_l} e_B \tag{3-4}$$

其中,I_l 为导线中的电流;r_l 为电流元 i 到导线的垂直距离。

第 i 个电流元所受的电磁力 F_{mi} 可表示为

$$F_{mi} = l_{ai} I_{ai} \times B_i \tag{3-5}$$

其中,l_{ai} 为电流元 i 的长度;I_{ai} 为电流元矢量;B_i 为电流元所处位置的磁场强度。

2. 热浮力模型

电流元受到竖直向上的热浮力作用,根据热浮力方程可得电流元 i 所受到的热浮力 F_{ti} 为

$$F_{ti} = (\rho_0 - \rho) \cdot g\pi r_{ai}^2 l_{ai} \tag{3-6}$$

其中,ρ_0 为标准大气压下的空气密度,取其值为 $1.295\mathrm{kg/m^3}$;ρ 为高温下电弧处空气密度,取其值为 $0.0221\mathrm{kg/m^3}$;$r_{ai} = k\sqrt{I}$ 为电弧电流元半径,k 为定参数,I 为潜供电流有效值;g 为重力加速度,$g = 9.8\mathrm{m/s^2}$。

3. 风力模型

潜供电弧在空气中会受到风力的作用,风力 F_{wi} 可以表示为

$$F_{wi} = 0.72 r_{ai} l_{ai} \rho v_w^2 \tag{3-7}$$

其中,v_w 为风速。

潜供电弧运动过程中,由于电弧持续时间很短,可近似认为风向与风速保持不变。如图 3.5 所示,设电极伸展方向为 x 轴,绝缘子串轴向为 z 轴,风力与 z 轴正向夹角为 β,风力在 xy 平面的投影与 x 轴正向夹角为 α,电流元受到的风力 F_{wi} 在 x、y 和 z 轴上的投影可分别表示为

$$\begin{cases} F_{wi\_x} = F_{wi}\sin\beta\cos\alpha \\ F_{wi\_y} = F_{wi}\sin\beta\sin\alpha \\ F_{wi\_z} = F_{wi}\cos\beta \end{cases} \tag{3-8}$$

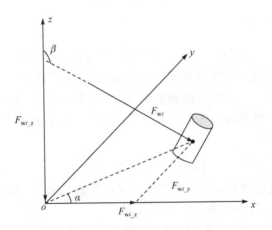

图 3.5　潜供电弧所受风力模型

4. 空气阻力模型

潜供电弧第 i 个电流元受到的空气阻力 F_{ai} 可表示为

$$F_{ai} = C_r r_{ai} l_{ai} \rho v_i^2 \tag{3-9}$$

其中,C_r 为空气阻力系数;v_i 为第 i 个电流元的运动速度;F_{ai} 的方向与电流元运动方向相反。

电流元受到电磁力 F_{mi}、热浮力 F_{ti}、风力 F_{wi} 和空气阻力 F_{ai} 的共同作用。电流元的密度远远小于空气的质量密度,因此,若计算时间间隔足够小,电流元的质量和加速过程可以忽略。潜供电弧运动速度控制方程为

$$F_{mi}+F_{ti}+F_{ai}+F_{wi}=m_i a=0 \qquad (3-10)$$

将潜供电弧电流元的受力在三个方向上进行分解,联立式(3-2)~式(3-9)可求得第 i 个电流元的运动速度为

$$
\begin{cases}
v_{i\_x}=\sqrt{\dfrac{F_{mi\_x}}{C_r r_{ai} l_{ai} \rho}+f_r v_w^2 \sin\beta\cos\alpha} \\[3mm]
v_{i\_y}=\sqrt{\dfrac{F_{mi\_y}}{C_r r_{ai} l_{ai} \rho}+f_r v_w^2 \sin\beta\sin\alpha} \\[3mm]
v_{i\_z}=\sqrt{\dfrac{F_{mi\_z}+(\rho_0-\rho)g\pi r_{ai}^2 l_{ai}}{C_r r_{ai} l_{ai} \rho}+f_r v_w^2 \cos\beta}
\end{cases} \qquad (3-11)
$$

其中,v_{i_x}、v_{i_y}、v_{i_z} 分别为电流元 i 在 x、y、z 方向上的运动速度分量;F_{mi_x}、F_{mi_y}、F_{mi_z} 分别为电磁力在 x、y、z 方向上的分量;$f_r=0.72/C_r$。

3.1.2　弧根模型

1. 阴极弧根模型

潜供电弧的阴极弧根主要由阴极发射的高速电子束构成[90]。一般来说,阴极发射的电子束包括热电子发射和强场发射两部分,这两者都受到潜供电弧的温度和电流大小的影响。实验中所用铜电极的沸点较低,因此并无大量的热电子发射,但阴极表面存在着强场发射现象。综合考虑热电子发射和强场发射,阴极弧根电流强度可以表示为[91]

$$J=A_1(T+A_2 E)^2 e^{-\frac{11600\varphi}{T+A_2 E}} \qquad (3-12)$$

其中,A_1 是一般发射常数;A_2 是有关发射点面积的常数;T 为阴极温度;E 为外界电场强度的大小;φ 为铜电极的电子逸出功。

当潜供电流过零时,电极上仍有少量热电子发射,电弧通道内的气体维持着较高的温度。潜供电弧温度的最高点通常滞后电流峰值 $20°\sim30°$。如图3.6所示,其中 C 点代表阴极弧根的位置。当潜供电流过零时,弧根变短但没有消失,弧根长度与电弧温度密切相关。

通过对潜供电弧图像进行拟合分析,可获得阴极弧根长度与电流的近似关系为

$$l_n(t)=k_{n1}\sqrt{I_a}+k_{n2}|i_a(t)|^{1/3} \qquad (3-13)$$

其中,$l_n(t)$ 为阴极弧根长度;I_a 为潜供电流有效值;$i_a(t)$ 为潜供电流瞬时值;k_{n1} 取

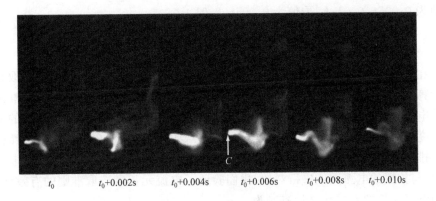

t_0 $t_0+0.002s$ $t_0+0.004s$ $t_0+0.006s$ $t_0+0.008s$ $t_0+0.010s$

图 3.6 潜供电弧阴极弧根

值为 $0.003 \sim 0.008$；k_{n2} 取值为 $0.005 \sim 0.01$。

2. 阳极弧根模型

潜供电弧阳极弧根的物理过程通常不如阴极弧根剧烈。阳极弧根的形成过程可分为两种情况：①阳极电极被动地接收阴极发射的电子流；②阳极电极不仅接收电子，而且可以为弧柱提供带电粒子[91]。由于实验所用铜电极的沸点较低，阳极电极可以比较容易地提供大量金属阳离子，弧根主要由金属离子和气体离子组成。电流零休阶段潜供电弧仍维持较高的温度，弧根处的大量等离子体来不及消散，弧根仍然存在，如图 3.7 所示。其中，A 点代表阳极弧根的位置。

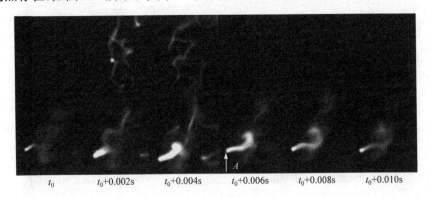

t_0 $t_0+0.002s$ $t_0+0.004s$ $t_0+0.006s$ $t_0+0.008s$ $t_0+0.010s$

图 3.7 潜供电弧阳极弧根

通过对潜供电弧图像进行拟合分析，可获得阳极弧根长度与电流的近似关系为

$$l_p(t) = k_{p1} \sqrt{I_a} + k_{p2} |i_a(t)|^{1/3} \tag{3-14}$$

其中，$l_p(t)$ 为阳极弧根长度；I_a 为潜供电流的有效值；$i_a(t)$ 为潜供电流瞬时值；k_{p1}

取值为 0.005～0.01；k_{p2} 取值为 0.005～0.01。

3.1.3　电流元选取与仿真流程

在潜供电弧的多物理场耦合动力学仿真建模中，电弧电流元长度的选取是准确计算的关键。若选取的电流元长度过长，则分段离散化的电流元将无法准确地反映电弧实际受力运动情况，进而无法获得电弧的准确运动轨迹。若选取的电流元长度过短，则会在计算过程中产生大量不必要的冗余信息（例如，沿着电弧径向平行排列着多个电流元），导致仿真计算结果远大于实际电弧长度。通过多次实验，并与拍摄的电弧图像进行对比，我们验证了电流元长度选取准则的有效性，提出的电流元长度 l_{ai} 最优选取准则为

$$r_{ai}<l_{ai}<d_{ai} \tag{3-15}$$

其中，r_{ai} 为电流元的半径；d_{ai} 为电流元的直径。

在每次计算得到新电流元的位置后，需要对新电流元之间的位置进行调整，以避免电流元之间出现距离过近和距离过远的现象。若相邻两个电流元的位置距离过近（小于半个电流元的长度），则将这两个相邻的电流元合并为一个新的电流元，如图 3.8(a) 所示；若相邻两个电流元的位置距离过远（大于两个电流元的长度），则需要在两个电流元之间插入数个电流元，形成连续的新电弧链，如图 3.8(b) 所示。

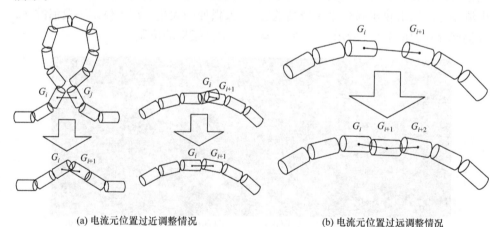

(a) 电流元位置过近调整情况　　　　　　　(b) 电流元位置过远调整情况

图 3.8　电流元的位置调整

电弧在运动过程中长度不断变长，当输入能量不足以维持电弧的燃烧时，电弧熄灭。仿真中采用文献[90]给出的临界长度作为潜供电弧的熄灭判据，即

$$l_{max}=k_1 I_{am}^{0.25}U_{am}\times10^{-4} \tag{3-16}$$

式中，I_{am}、U_{am} 分别为潜供电流和恢复电压最大值；k_1 的取值一般为 0.7。基于多

物理场耦合动力学模型的潜供电弧仿真流程如图 3.9 所示。

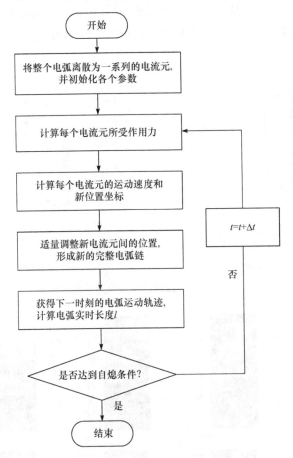

图 3.9　基于多物理场耦合动力学模型的潜供电弧仿真流程图

3.1.4　潜供电弧多物理场耦合动力学模型实验验证

　　设电极延展的方向为 x 轴,电极和绝缘子串所在平面的垂直方向为 y 轴,绝缘子串的方向为 z 轴。从短路电弧运动发展图像可知,在 0.1s 之后短路电弧基本运动到电极末端,考虑到潜供电弧的起始位置基本上在短路电弧的通道内,且电弧弧根位置此时也位于电极的末端,因此可以假设潜供电弧起始时刻为沿电极末端竖直的一条直线,如图 3.10(a)所示。绝缘子串下电极坐标为 (0,0,0),潜供电弧的运动仿真结果如图 3.10(b)所示。

　　纳入实验测量的潜供电压、电流波形数据,基于上述建立的潜供电弧多物理场耦合动力学模型计算得到了不同时刻潜供电弧运动形态的仿真结果,并与物理模拟实验拍摄的相应时刻的潜供电弧图像进行了对比,如图 3.11 所示。从图中对比可以看出不同时刻的潜供电弧运动图像和仿真图像具有较好的一致性,说明了仿真模型的有效性。另外,从图中也可以看出,潜供电弧在沿着电极方向水平运动的同时,在热浮力的作用下也存在明显向上延伸发展的趋势。

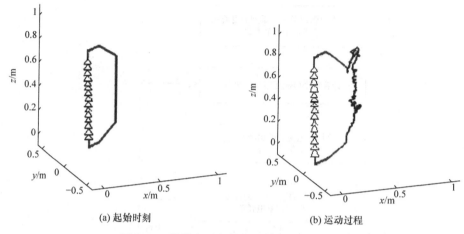

(a) 起始时刻　　　　　　　　　　　　(b) 运动过程

图 3.10　潜供电弧起始位置及运动仿真结果

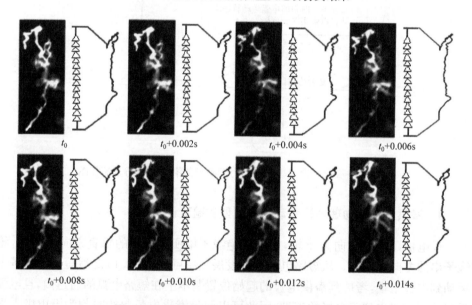

t_0　　　　　　　$t_0+0.002s$　　　　　　$t_0+0.004s$　　　　　　$t_0+0.006s$

$t_0+0.008s$　　　　　$t_0+0.010s$　　　　　$t_0+0.012s$　　　　　$t_0+0.014s$

图 3.11　潜供电弧仿真图像与实验图像的对比

图 3.12 和图 3.13 分别给出了不同电流情况下的仿真图像和实验图像。从图中可以看出,不同电流下的潜供电弧实验图像和仿真图像具有较好的一致性。在电磁力的作用下,电弧整体向右运动,由于电流自身产生的电磁力,电弧呈现螺旋状。电流越大,潜供电弧的自旋现象越明显。

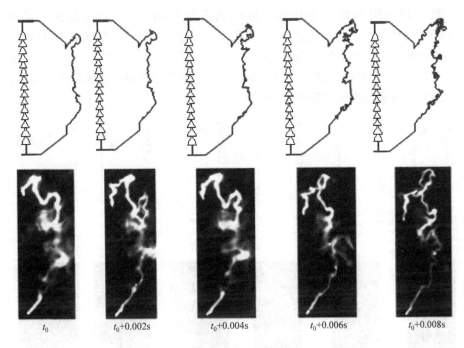

t_0　　　$t_0+0.002s$　　　$t_0+0.004s$　　　$t_0+0.006s$　　　$t_0+0.008s$

图 3.12　潜供电弧仿真和实验对比（$I=30A$）

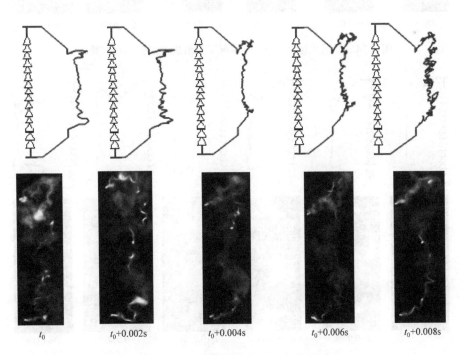

t_0　　　$t_0+0.002s$　　　$t_0+0.004s$　　　$t_0+0.006s$　　　$t_0+0.008s$

图 3.13　潜供电弧仿真和实验对比（$I=120A$）

　　图 3.14～图 3.16 分别给出了顺风风速为 1.5m/s、2.5m/s 和逆风风速为 2.5m/s 三种情况下的潜供电弧运动轨迹,其中电流 $I=30$A。通过对比可以发现,不同风速和风向作用下潜供电弧实验图像和仿真图像基本一致。风速对潜供电弧弧柱的影响较大,而对弧根运动的影响较小。顺风情况下潜供电弧被大大拉长,逆风情况下潜供电弧的运动位移相对较小。

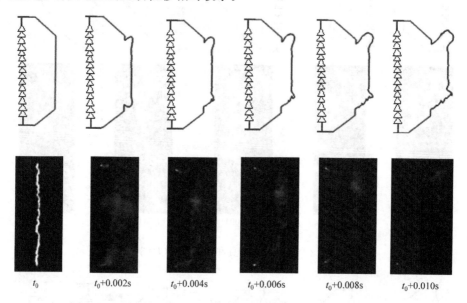

t_0　　　　$t_0+0.002s$　　　　$t_0+0.004s$　　　　$t_0+0.006s$　　　　$t_0+0.008s$　　　　$t_0+0.010s$

图 3.14　顺风风速为 1.5m/s 情况下的潜供电弧仿真和实验图像

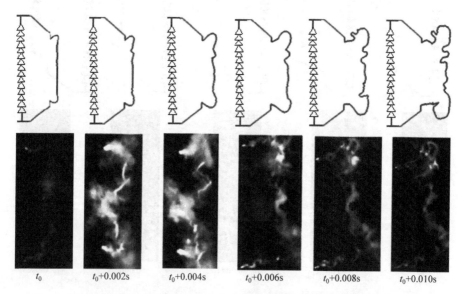

t_0　　　　$t_0+0.002s$　　　　$t_0+0.004s$　　　　$t_0+0.006s$　　　　$t_0+0.008s$　　　　$t_0+0.010s$

图 3.15　顺风风速为 2.5m/s 情况下的潜供电弧仿真和实验图像

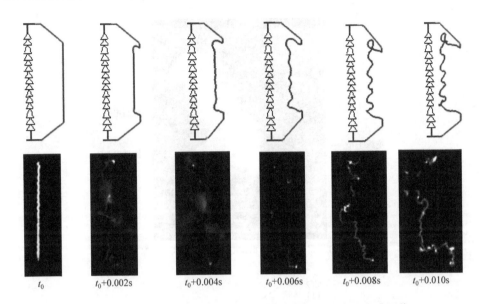

图 3.16 逆风风速为 2.5m/s 情况下的潜供电弧仿真和实验图像

3.2 潜供电弧起始位置随机性模型

大量研究表明,潜供电弧直径与其电流大小密切有关。短路电流值可达上千安培,远远大于潜供电流,因此短路电弧的直径远远大于潜供电弧的直径。在短路电弧转变为潜供电弧的瞬间,两者位于同一弧道内。短路电弧转变为潜供电弧的瞬间将会存在一个转化机制。由于短路电弧电流较大、温度较高,在潜供电弧弧道内将会存在大量等离子体。图 3.17(a)给出了实验拍摄的短路电弧熄灭、潜供电弧起始时刻的图像,可以看出,在短路电弧熄灭的瞬间,潜供电弧将会在短路电弧的弧道内起始发展。潜供电弧的发展方向是不明确的,但可以借助电导率的计算方法求得。另外,由于短路电弧的发展存在随机性,短路电弧熄灭前的形状也具有随机性,潜供电弧的起始形状也存在一定的不确定性。如图 3.17(b)所示,将电弧简化为圆柱体状,在短路电弧熄灭瞬间,潜供电弧将在短路电弧通道内起始发展。

在短路电弧运动过程中,金属电极上喷射的电子束仅仅发生在弧根位置且弧柱延伸的长度远大于弧根长度,因此可以忽略两个弧根的随机性,仅考虑弧柱位置的随机性。另外,已有研究表明,可以用短弧、小电流电弧来近似模拟长弧、大电流电弧。因此,在后续仿真中,采用小电流电弧进行计算,以与实验进行对比。

3.2.1 短路电弧通道电导率计算

潜供电弧在短路电弧通道内的发展方向具有随机性,在不同方向上的发展概

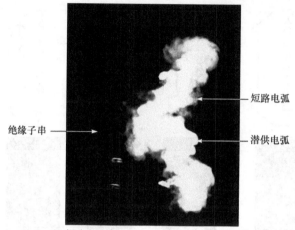

(a) 短路电弧熄灭、潜供电弧起始时刻实验图像

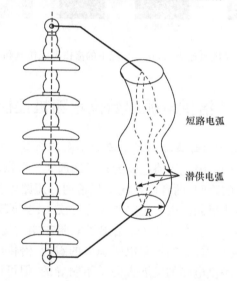

(b) 不同潜供电弧起始通道

图 3.17　潜供电弧起始位置实验图及示意图

率与短路电弧通道的电导率有着密切的关系。电导率越大,击穿形成新的电弧的可能性也越大。为了计算获得短路电弧通道内的电导率分布,对其做如下假设:

（1）弧柱通道是圆柱体对称的、横截面沿着电弧长度的方向不变;

（2）在电弧通道内外两侧无宏观介质流动;

（3）在相邻两个计算步长内,电弧通道内任何一点的电导率和电流密度保持不变。

已有研究发现,电弧的直径与其电流大小之间存在着密切的关系,可近似表

示为

$$d = 0.26 \times 10^{-2} \sqrt{I} \tag{3-17}$$

其中,d 为电弧的直径,单位是 m;I 为电流,单位是 A。

根据欧姆定律 $J = \sigma E$,对其沿着半径方向进行积分可得

$$I = 2\pi E \int_0^R \sigma(T) r \mathrm{d}r = \pi R^2 E \int_0^1 \sigma(x) \mathrm{d}x = \pi R^2 E \int_{T_\mathrm{w}}^{T_\mathrm{A}} \sigma(T) \left(-\frac{\partial x}{\partial T} \right) \mathrm{d}T \tag{3-18}$$

其中,I 为短路电流,单位为 A;E 为短路电弧弧柱的电场强度,单位为 V/m;$\sigma(T)$ 为短路电弧的电导率,它是随着温度变化的函数,单位为 $1/(\Omega \cdot \mathrm{m})$;$R = d/2$ 为短路电弧的半径;r 为从短路电弧的中心点沿着半径方向的距离,单位为 m;$x = (r/R)^2$;T_A 为短路电弧通道内中心点处的温度,T_w 为短路电弧通道内最外点的温度,单位为 K。

根据经验公式,电弧电导率与温度的关系可表示为[91-93]

$$\sigma = aT^{-b}\mathrm{e}^{-c/T} \tag{3-19}$$

其中,a、b、c 可根据式(3-18)通过最小二乘法拟合多组 E 和 I 之间的关系获得;短路电弧的伏安关系曲线 $E(I)$ 和半径方向的温度分布规律 $T(r)$ 均由现场实验数据获得。σ 的单位是 $1/(\Omega \cdot \mathrm{m})$,$T$ 的单位是 K。

在短路电弧熄灭、潜供电弧起始的瞬间,由于气体的热惯性很大,电弧通道内的气体将不会立即减小而是短时间内维持一个较高的温度。因此,可以认为在短路电弧熄灭、潜供电弧起始的瞬间,电弧通道内的温度保持不变。

要利用式(3-19)求得短路电弧电导率的分布,需要首先确定公式中的 a、b、c 三个参数。文献[91]给出了四种计算方法,在这里采用第一种方法,假定 x 和 T 之间近似呈线性关系,因此 $x(T, I)$ 可以表示为

$$x(T, I) = \alpha(I) T + \beta(I) \tag{3-20}$$

其中,$\alpha(I)$、$\beta(I)$ 是与电流大小相关的常数;变量 T 的单位是 K。

根据文献[94]中电场强度 E 和电弧电流 I 之间的关系,参考文献[95]中电弧温度 T 和电弧电流 I 之间的关系,将式(3-19)、式(3-20)代入式(3-18)中进行拟合可以求得 a、b、c 三个参数,最后得到电导率和温度之间的关系方程为

$$\sigma = 4.77 \times 10^{16} \times T^{-3} \times \mathrm{e}^{-8.23 \times 10^4/T} \tag{3-21}$$

其中,变量 σ 的单位是 $1/(\mathrm{m}\Omega \cdot \mathrm{cm})$;变量 T 的单位是 K。

为了验证上述公式的准确性,将上述计算结果与文献[41]的结果对比,如图 3.18 所示。从图中可以看出,两个结果的趋势一致且相差较小,说明该计算方法是可靠的。从图中可以看出,随着电弧温度的升高,电弧电导率先缓慢增加,后快速增长,最后趋于平坦。这是由于在温度较低时,空气的电离系数较小,电子密度较低,因此电导率增加较慢。当达到一定温度时,随着温度的升高,空气的电离

系数和电子密度快速增长,电导率相应地迅速增加。当电弧温度进一步升高时,气体电离程度饱和,电导率基本保持不变。

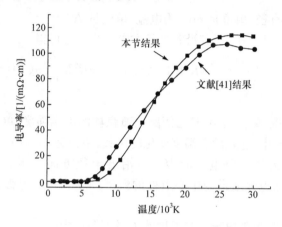

图 3.18　电弧电导率与温度关系对比验证

　　以短路电流大小为 1kA 和 25kA 为例,根据参考文献[93]中电弧温度 T 和电流 I 之间的关系,通过数据拟合,可以得到电弧通道内中心点的温度分别为 16900K 和 30000K。假设电弧通道外壁的温度为 2000K,联立式(3-17)、式(3-20)、式(3-21)可以获得电弧通道内电导率沿半径方向的分布特性,如图 3.19 所示。从图中可以看出,当电流为 1kA 时,由于电弧直径较小,短路电弧通道内径向温度变化率非常大,对应电弧电导率由中心向两侧急剧减小。当电流为 25kA 时,电弧通道直径大,电弧中心区域温度很高且相差不大,而靠近短路电弧外壁的温度变化非常明显,短路电弧电导率沿着径向呈现出中心区域变化慢、两侧急剧减小的趋势。

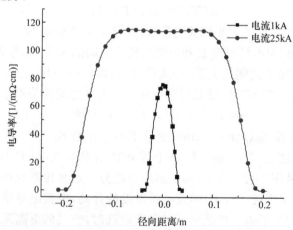

图 3.19　电弧通道电导率沿半径方向的分布特性

3.2.2　潜供电弧起始发展方向

在电弧发展过程中,电子主要由阴极产生,阴极附近的电子密度和电子运动速度最高,阴极过程对整个电弧的发展至关重要。文献[95]通过对电弧温度测量发现,阴极弧根的温度最高,其次是弧柱,阳极弧根温度最低。因此在仿真中,假定潜供电弧在短路电弧的通道内的发展方向是沿着阴极弧根的中心点向着阳极弧根发展。潜供电弧每次的起始位置假定为短路电弧熄灭前阴极弧根的位置,潜供电弧的发展方向为整个上半球面,如图 3.20 所示。其中 β 为潜供电弧发展方向与 z 轴

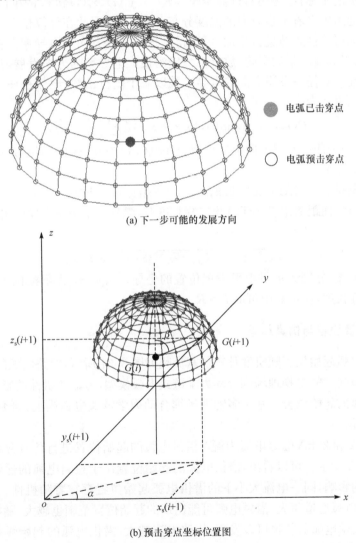

● 电弧已击穿点

○ 电弧预击穿点

(a) 下一步可能的发展方向

(b) 预击穿点坐标位置图

图 3.20　潜供电弧发展方向随机性示意图

正向的夹角,α 为潜供电弧在 xy 平面的投影与 x 轴正向的夹角。α 的取值范围是 $0°\sim360°$,β 的取值范围是 $0°\sim90°$。

潜供电弧发展过程中预击穿点坐标与已击穿点的坐标关系可表示为

$$\begin{cases} x_s(i+1)=x_s(i)+r_s\sin\beta\cos\alpha \\ y_s(i+1)=y_s(i)+r_s\sin\beta\sin\alpha \\ z_s(i+1)=z_s(i)+r_s\cos\beta \end{cases} \qquad (3-22)$$

其中,$x_s(i)$、$y_s(i)$、$z_s(i)$ 分别为已击穿点的坐标;$x_s(i+1)$、$y_s(i+1)$、$z_s(i+1)$ 分别为预击穿点的坐标;r_s 为仿真计算步长。$x_s(i)$、$y_s(i)$、$z_s(i)$ 和 r_s 的单位均为 m。

电弧通道内沿着半径方向的温度分布并不一致,因此在计算模型中将每一个发展方向的可能性系数进行累加,可以得到任一发展方向的电导率。在实际放电过程中,由于其他因素的影响,放电不一定沿最大电导率的方向发展,且存在着一定的随机性。对任一发展方向的电导率乘以一个随机函数,电弧在任一发展方向的概率可以表示为

$$P(i,j) = \text{rand}(0,1) \times \sigma(i,j)/\sum\sum\sigma(i,j) \qquad (3-23)$$

其中,$P(i,j)$ 为任一发展方向上的概率;$\text{rand}(0,1)$ 为 $0\sim1$ 的随机数;$\sigma(i,j)$ 为发展方向的电导率。

潜供电弧下一时刻可能发展的每一个点坐标可通过式(3-17)~式(3-23)计算获得。当弧柱距离阳极小于临界击穿长度时,弧柱与阳极将会发生击穿,用公式可表示为

$$\sqrt{(x_s-x_a)^2+(y_s-y_a)^2+(z_s-z_a)^2}\leqslant l_s \qquad (3-24)$$

其中,x_s、y_s、z_s 分别为潜供电弧发展位置的坐标;x_a、y_a、z_a 为阳极位置的坐标;l_s 为临界击穿长度,在仿真中可取 $l_s=R$。

3.2.3　仿真流程与仿真结果

潜供电弧起始位置随机性计算仿真流程如图 3.21 所示,短路电弧的运动过程采用 3.1 节建立的多物理场耦合动力学链式电弧模型,考虑随机性的影响,计算获得潜供电弧的起始位置。基于多物理场耦合动力学链式电弧模型,研究潜供电弧的运动过程。

以 1kA 和 25kA 短路电流为例对潜供电弧的起始位置进行仿真分析,计算结果如图 3.22 所示。可以看出,潜供电弧的起始位置位于短路电弧的通道内,由于短路电弧的影响,同一电流大小下的潜供电弧起始位置存在着随机性。短路电流越大,短路电弧通道越大,潜供电弧可能出现的起始位置范围也越大,随机性越强。通过对比实验电弧形状也可以发现,短路电流越大,潜供电弧的起始弧长越长,电弧的形态越复杂。

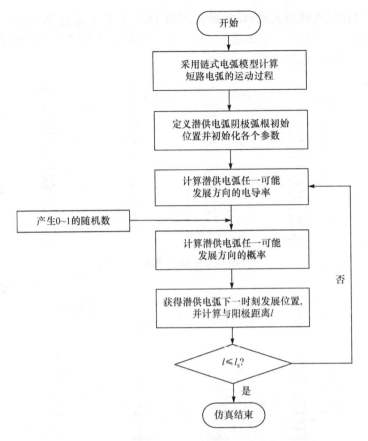

图 3.21　潜供电弧起始位置随机性计算仿真流程图

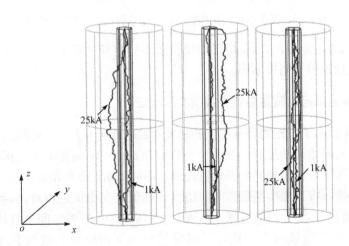

图 3.22　不同潜供电流下潜供电弧起始位置仿真结果

为了对比物理模拟实验,设短路电流为 1kA,潜供电流为 30A,绝缘子串长为0.68m。图 3.23(a)给出了五组潜供电弧起始位置随机性模型仿真结果,图 3.23(b)给出了对应的潜供电弧发展运动轨迹。

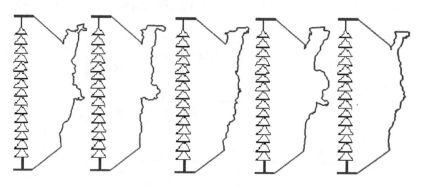

(a) 潜供电弧起始位置随机性模型仿真结果

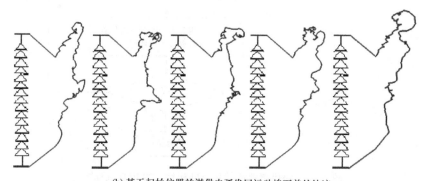

(b) 基于起始位置的潜供电弧发展运动熄灭前的轨迹

图 3.23　潜供电弧起始位置随机性模型仿真结果及运动轨迹

从图 3.23 可以看出,潜供电弧初始位置不同将导致此后运动轨迹产生差异,电弧熄灭前运动形态明显不同。

3.2.4　潜供电弧起始位置随机性模型实验验证

图 3.24 给出了低压物理模拟实验触发短路电弧至 0.1s 后短路电弧熄灭和此后潜供电弧的起始运动过程。从图中可以看出,在 0.1s 短路电弧熄灭的瞬间,起始的潜供电弧完全位于短路电弧通道内部。不同起始位置的潜供电弧将会导致燃弧时间的差异。将上述模型燃弧时间仿真计算值与实验值进行对比,如表 3.1 所示,每组实验含有 30 个有效数据。从表 3.1 可以看出,燃弧时间仿真计算值与实验值大小和变化趋势基本一致。不同潜供电流下的电弧长度变化率如表 3.2所示。

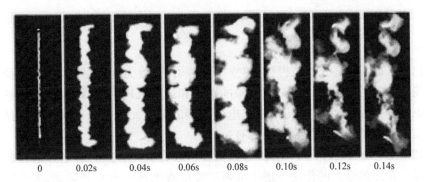

| 0 | 0.02s | 0.04s | 0.06s | 0.08s | 0.10s | 0.12s | 0.14s |

图 3.24　电弧起始发展图像

表 3.1　不同潜供电流下的燃弧时间

潜供电流/A	燃弧时间实验值/s	实验平均值/s	实验标准差	燃弧时间仿真值/s	仿真平均值/s	仿真标准差
10	0.056~0.354	0.152	0.0661	0.054~0.282	0.167	0.0653
15	0.094~0.368	0.212	0.0810	0.084~0.306	0.242	0.0556
30	0.096~0.625	0.304	0.1245	0.116~0.486	0.307	0.1065
45	0.220~0.828	0.435	0.1895	0.244~0.702	0.392	0.1144

表 3.2　不同潜供电流下的电弧长度变化率

潜供电流/A	l_1/m	l_2/m	l_3/m	Δl_1/%	Δl_2/%
10	0.98	0.86~2.10	2.23	128	6~159
15	0.98	0.84~2.22	2.46	151	11~193
30	0.98	0.90~2.34	2.93	199	25~226
45	0.98	0.89~2.30	3.24	231	41~264

注：l_1 为不考虑随机性的潜供电弧起始长度；l_2 为随机性的潜供电弧起始长度；l_3 为潜供电弧熄灭前电弧的长度；Δl_1 为不考虑随机性的潜供电弧长度起始至熄灭时刻的长度变化率；Δl_2 为考虑随机性的潜供电弧长度起始至熄灭时刻的长度变化率。

　　从表 3.1 和表 3.2 可以看出，随着电流的增大，潜供电弧的燃弧时间不断增加。在考虑潜供电弧起始位置随机性的情况下，弧长呈现的变化范围较大。仿真计算结果与实验结果基本一致，验证了模型的有效性。燃弧时间计算值的分散性略小于实验值，这是因为在随机性计算中仅纳入了潜供电弧起始位置的影响。模拟实验中，潜供电弧处于开放环境中，受到多个不确定性因素的影响，导致燃弧时间分散性较大。

3.3　本　章　小　结

（1）本章采用链式电弧模型，建立了电磁力、热浮力、空气阻力和风载荷的多物理场耦合动力学模型。通过对弧根的形成和运动机理进行深入的分析，纳入了潜供电弧的弧根模型，并提出了链式电弧模型的电流元最优长度的选取方法。通过与实验的对比验证了仿真模型的有效性。

（2）在电磁力的作用下，潜供电弧轨迹呈螺旋状，电流越大，电弧的自旋现象越明显。在无热浮力的作用下潜供电弧主要沿着电极方向水平运动，当考虑热浮力时，电弧具有明显上扬的趋势。风对弧柱的影响较大，对弧根运动影响相对较小。顺风情况下的弧柱运动速度远远大于弧根运动速度，电弧被迅速拉长，有利于潜供电弧的熄灭；逆风情况下的弧柱运动速度远远小于弧根运动速度，弧柱滞后于弧根运动，电弧运动范围较小，不利于潜供电弧的熄灭。

（3）研究了短路电弧转化为潜供电弧的物理机制，提出了潜供电弧起始位置随机性的数学模型。通过计算得到电弧电导率和温度的关系曲线，获得了电弧电导率径向分布特性。将潜供电弧起始位置随机性纳入多物理场耦合动力学模型中，计算获得了具有随机性的燃弧时间分布规律，与实验结果基本一致，验证了模型的有效性。

第4章　潜供电弧运动物理机制研究

在潜供电弧的物理模拟实验中,发现了潜供电弧的一些典型的运动特性,如弧根跳跃现象、电弧长度的变化、风速对潜供电弧的影响等。本章将在之前建立的潜供电弧多物理场耦合动力学模型的基础上,纳入电磁力、热浮力、风力和空气阻力的作用,通过仿真分析揭示上述运动特性的物理机制。另外,由于现场实验的局限性,基于动力学模型的仿真也可以对一些无法进行现场物理实验的情况进行分析。

4.1　弧根跳跃物理机制模拟

通过物理实验获得潜供电弧的运动发展过程,发现潜供电弧的上电极弧根处存在明显的跳跃现象。在潜供电弧的运动过程中,由于热浮力的作用,潜供电弧将不断向上发展延伸[96-98]。同时,上电极弧根将不断沿着电极方向斜向下运动发展,因此电弧通道和电极处将会发生短路现象,引起弧根跳跃。图4.1给出了一组典型的上弧根跳跃的图像,其中S点为弧根跳跃位置,U指的是上电极的位置,绝缘子串电极间距离为1m。在$t_0+0.004$s时刻,由于电弧距离电极较近,电弧通道与电极之间将会发生短路击穿,形成新的弧根。此时会短时并存两个弧根,随着电弧不断的发展,由于原弧根电阻与新形成的弧根电阻相比较大,原弧根最终被新弧根取代。

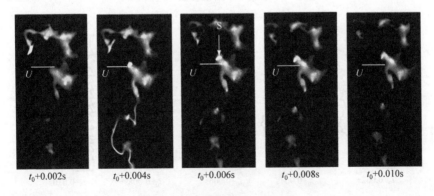

$t_0+0.002$s　　$t_0+0.004$s　　$t_0+0.006$s　　$t_0+0.008$s　　$t_0+0.010$s

图4.1　上弧根典型跳跃现象

采用第3章建立的多物理场耦合动力学仿真模型,对电弧的运动过程进行仿真,以明晰引起弧根跳跃的物理机制。电弧的初始位置设为沿着竖直方向的一条直线,潜供电流大小为30A。图4.2为实验引弧用绝缘子串,其中 AB 表示起弧位置在电极始端,CD 表示起弧位置在电极末端。为了能够更清楚地获得电弧沿电极方向的运动轨迹,将电弧的起始位置设置在电极始端,如图4.2所示 AB 处。其中,电极结构1,即图4.2中的粗实线所示,表示的电极结构为倾斜结构;电极结构2,即图4.2中粗虚线所示,表示的电极结构为水平结构。另外,仿真中假定当电弧与电极距离小于1cm时,电弧与电极之间将会发生击穿。图4.3给出了一组典型的电弧运动仿真结果,其中 S 点处为弧根跳跃位置,绝缘子串长度为1m。从图中可以看出,在上电极 S 点处电弧通道与电极之间发生了短路,引起了弧根跳跃现象。

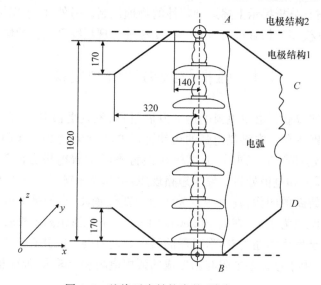

图4.2 绝缘子串结构参数(单位:mm)

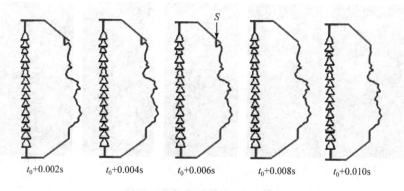

图4.3 弧根跳跃现象仿真验证

通过对比物理实验和电弧动力学模拟结果可以看出,在潜供电弧的运动中,由于热浮力的影响,潜供电弧不断出现向上运动的趋势。同时,由于上电极方向为斜向下的方向,电弧弧根将沿着电极斜向下运动,因此潜供电弧运动过程中将会不断发生电弧通道与上电极的短路,引起弧根跳跃的现象。图 4.4 给出了潜供电弧运动过程中电弧长度和弧根位置随时间的变化情况。从图中可以看出,潜供电弧在电极坐标为 0.14m 处起始,经过 0.48s 后下电极弧根运动到电极末端(0.32m处),而上电极弧根经过约 0.84s 后才运动到电极的末端。潜供电弧在运动过程中,上电极弧根和下电极弧根的运动特性明显不同。下电极弧根一直不断地向右运动,位置坐标缓慢移动,而上电极弧根的运动坐标由于电弧与上电极的短路,则经常呈现出阶梯状上升的特点。这说明电弧通道与上电极间发生了多次短路现象,而电弧通道与下电极间则很少发生该现象。由于电弧通道与上电极间的短路、弧柱自身的短路,在整个运动过程中,潜供电弧的长度不断发生着跳跃式的变化。

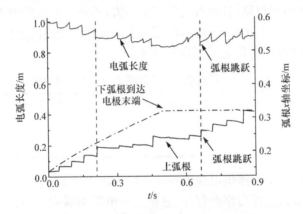

图 4.4　电极方向斜向下时潜供电弧的运动过程

　　为了证明电极结构是引起弧根跳跃现象的重要因素,对电极结构(图 4.2 中电极结构 2)为水平结构时潜供电弧的运动情况进行了仿真分析,如图 4.5 所示。从图中可以看出,在整个电弧运动过程中,电弧与上电极间的短路引起的弧根跳跃现

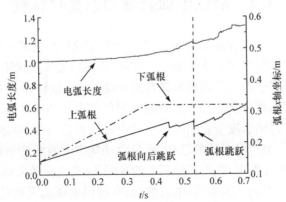

图 4.5　电极结构为水平结构时潜供电弧的运动过程

象明显减少。由于此时上弧根运动速度较快,在弧根的带动下,整个电弧水平方向运动的趋势占主要因素,上下弧根运动到电极末端时间均减小。由于热浮力的影响,电弧向上运动仍会引起较少的短路情况,当电弧通道与电极间的距离小于一定程度时,仍然会发生短路击穿,引起弧根跳跃现象。

表4.1给出了两种不同电极结构下潜供电弧运动情况对比。可以看出,不同的电极结构对电弧的运动存在截然不同的影响。当电极结构为倾斜结构时,电弧运动到电极末端所需时间相对较长;当电极结构为水平结构时,电弧运动到电极末端所需时间相对较短。另外,当电极结构为水平结构时,电弧长度增加较快,熄灭前电弧长度较长。在电弧运动过程中,由于热浮力的影响,电弧通道和上电极之间会发生短路情况。当电极结构为斜向下的结构时(图4.2电极结构1),电弧与上电极间将会发生多次短路,且电弧长度变化不大,不利于电弧的熄灭。当电极结构为水平结构时(图4.2电极结构2),电弧与上电极间的短路次数将会明显减少,且随着电弧长度的增加,潜供电弧更容易熄灭。

表4.1 不同电极结构下潜供电弧运动情况对比

电极结构	下弧根到达末端时间/s	上弧根到达末端时间/s	电弧长度/m	上弧根跳跃次数
1	0.48	0.852	0.902	12
2	0.336	0.706	1.321	2

以上分析表明,引起潜供电弧弧根跳跃的原因主要有两个:①热浮力的作用。不管电极结构如何,热浮力都会存在,它将会使电弧不断向上运动,进而引起电弧与电极间的短路,引发弧根跳跃现象。②电极的结构。与斜向下方向的电极结构相比,水平结构的电极,其电弧与上电极间的短路次数明显减少,弧根跳跃现象也大幅减少,更有利于潜供电弧的熄灭。

4.2 潜供电弧长度动态变化特性

实验发现,潜供电弧在运动过程中,长度会不断增加,电弧的能量损失也会增长,正离子和电子的复合将会大大加强,当潜供电弧的输入能量不足以支撑电弧的燃烧时,潜供电弧将会熄灭。潜供电弧在运动过程中长度整体上不断增加,但由于弧柱间的短路现象,经常会出现长度暂时变短的现象。图4.6给出了潜供电流分别为15A和30A时的长度变化情况。从图中可以看出,在潜供电弧运动过程中,电弧的长度并不是呈严格增长的趋势,而是会经常出现暂时变短的现象。潜供电弧物理模拟实验研究发现,在电弧熄灭前的瞬间,弧长会骤然增加,如图4.6所示。

通过观察示波器记录的电压、电流波形,在潜供电弧熄灭前的瞬间,潜供电流通常会出现一个尖峰脉冲波形,电流骤然增加,如图4.7所示。在 $t=0.026s$ 时刻

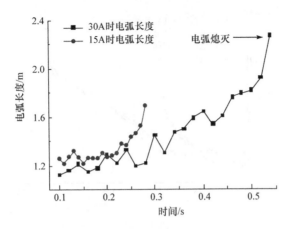

图 4.6 潜供电弧运动过程中长度变化情况

出现了一个尖峰电流,此后恢复电压起始,潜供电弧熄灭。此尖峰电流一般可达到潜供电流正常情况下的 3～4 倍。由于潜供电流突然增大,此时潜供电弧电磁力将骤然增大,潜供电弧被拉长,潜供电弧的散失能量突然增大导致潜供电弧很快熄灭。

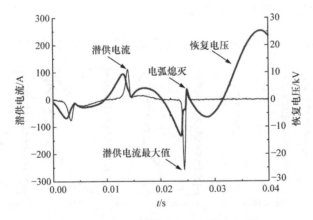

图 4.7 潜供电弧熄灭前潜供电流电压波形

采用第 3 章建立的潜供电弧动力学模型对电弧的运动情况进行了仿真。将潜供电弧的起始位置设定为电极末端,如图 4.2 所示的 CD 处。分别采用 15A 和 30A 情况下的潜供电流实验数据,对潜供电弧的长度变化情况进行了仿真分析,如图 4.8 所示。

上述仿真过程中,潜供电弧也出现了电弧长度经常暂时变短和在熄灭前瞬间电弧长度骤然增加的现象。仿真结果和实验结果趋势基本一致。潜供电弧长度在运动过程中经常出现暂时变短是由于弧柱电流元间的短路现象引起的。潜供电弧熄灭前瞬间长度骤然增加是由于潜供电流的突然增加出现一个尖峰电流引起的。

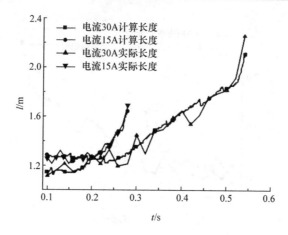

图 4.8　潜供电弧运动长度变化仿真与实验对比图

4.3　多物理场耦合应力对潜供电弧运动特性的影响

4.3.1　潜供电流对运动特性的影响

图 4.9 给出了不同潜供电流下的仿真运动图像。从图中可以看出,在电磁力

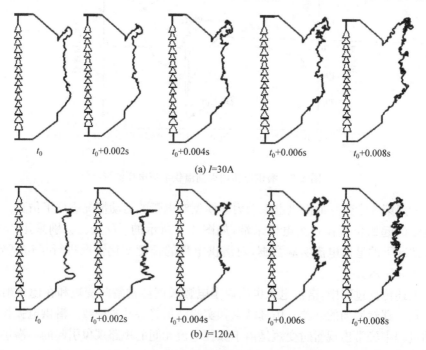

图 4.9　不同潜供电流下的电弧仿真运动图像

的作用下,电弧整体向右运动,由于潜供电流自身产生的电磁力,电弧本身呈螺旋状。潜供电流越大,潜供电弧的运动越剧烈,电弧整体向右运动的趋势和自旋现象越明显,说明潜供电弧自旋现象主要是由电磁力引起的。

不同潜供电流下的燃弧时间如图 4.10 所示。从图中可以看出,随着潜供电流的增加,潜供电弧的燃弧时间也呈现增长的趋势,两者之间近似呈线性关系。当潜供电流的大小超过 240A 时,燃弧时间已超过 2s,不再计算相关燃弧时间。

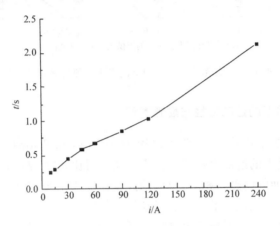

图 4.10　不同潜供电流下的燃弧时间

4.3.2　热浮力对运动特性的影响

图 4.11 给出了潜供电流 $I=70$A 时,无热浮力作用和存在热浮力作用两种情况下的潜供电弧运动仿真图像。仿真时间间隔为 0.002s,选取潜供电流较大,此时施加在潜供电弧上的电磁力较大,更易于观察潜供电弧的运动情况。从图中对比可以明显看出,无热浮力作用下的潜供电弧主要沿着电极方向水平运动,基本上没有向上发展的趋势,而存在热浮力作用下的潜供电弧在沿着电极方向水平运动的同时,存在着明显向上延伸发展的趋势,说明潜供电弧向上运动的趋势主要是由热浮力引起的。

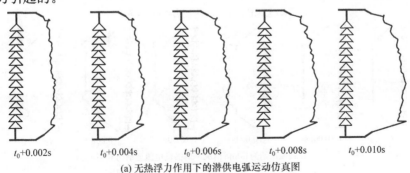

$t_0+0.002$s　　$t_0+0.004$s　　$t_0+0.006$s　　$t_0+0.008$s　　$t_0+0.010$s

(a) 无热浮力作用下的潜供电弧运动仿真图

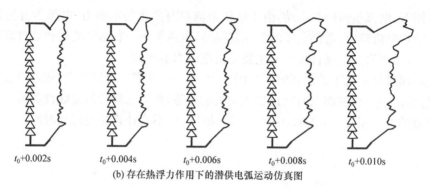

$t_0+0.002\text{s}$　　　$t_0+0.004\text{s}$　　　$t_0+0.006\text{s}$　　　$t_0+0.008\text{s}$　　　$t_0+0.010\text{s}$

(b) 存在热浮力作用下的潜供电弧运动仿真图

图 4.11　有无热浮力作用下的潜供电弧仿真运动图像

4.3.3　风力作用下的运动特性与燃弧时间

图 4.12 分别给出了无风、顺风风速为 1.4m/s 和 2.4m/s 以及逆风风速为 2.4m/s 三种情况下的潜供电弧运动仿真和实验对比,其中 $I=30\text{A}$。电流较小,施加在潜供电弧上面的电磁力相对较小,因此潜供电弧的形状在前后两个相邻时刻内变化小,更易于研究风对潜供电弧运动特性的影响。

从图 4.12 对比可以明显看出,风力可以显著地改变潜供电弧的运动轨迹。风速对潜供电弧弧柱运动的影响较大,而对弧根运动的影响较小。对比图 4.12(b)和图 4.12(c)可以看出,顺风情况下的潜供电弧弧柱运动速度远远大于弧根运动速度,潜供电弧被大大拉长,风速越大,潜供电弧运动越剧烈,潜供电弧长度变化越

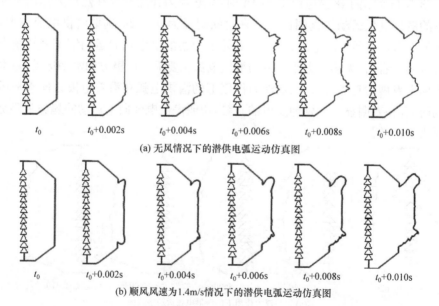

t_0　　　$t_0+0.002\text{s}$　　　$t_0+0.004\text{s}$　　　$t_0+0.006\text{s}$　　　$t_0+0.008\text{s}$　　　$t_0+0.010\text{s}$

(a) 无风情况下的潜供电弧运动仿真图

t_0　　　$t_0+0.002\text{s}$　　　$t_0+0.004\text{s}$　　　$t_0+0.006\text{s}$　　　$t_0+0.008\text{s}$　　　$t_0+0.010\text{s}$

(b) 顺风风速为 1.4m/s 情况下的潜供电弧运动仿真图

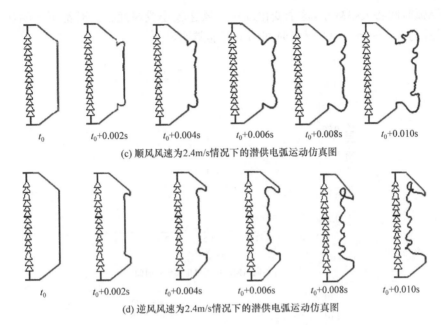

(c) 顺风风速为2.4m/s情况下的潜供电弧运动仿真图

(d) 逆风风速为2.4m/s情况下的潜供电弧运动仿真图

图 4.12　不同风向及风速作用下的潜供电弧运动仿真图

大,有利于潜供电弧的熄灭;对比图 4.12(c)和图 4.12(d)可以看出,逆风情况下的潜供电弧弧柱运动速度远远小于弧根运动速度,潜供电弧的弧柱运动迟滞于弧根运动,潜供电弧运动位移相对较小,不利于潜供电弧的熄灭。

　　图 4.13(a)给出了潜供电流为 30A 时,不同风向作用下的潜供电弧燃弧时间仿真结果,其中 x 轴表示的是图 3.10 中仿真结果的坐标轴。从图中可以明显看出,当风速大于 2.4m/s 时,不论风向如何,电弧都将很快熄灭。从图 4.13(a)可以看出,当风速较小时,由顺风情况逐渐转变到逆风情况的过程中,潜供电弧所受风力影响将逐渐减弱,燃弧时间将变长。当风速为 0.4m/s 左右时,电磁力对电弧的影响要远大于风力的作用,此时电弧的运动主要由电磁力决定。不同风向下的燃弧时间比较接近,分散性较小。当风速为 1.4m/s 左右时,电磁力对电弧的影响接近于风力的作用,此时电弧的运动主要由这两者决定,因此燃弧时间的分散性相对较大。当风速大于 2.4m/s 时,与其他作用力相比,风力将占主导作用,电弧的运动主要由风力决定,燃弧时间的分散性将减小。

　　图 4.13(b)给出了不同风速和潜供电流时的燃弧时间,其中风速方向与电弧运动方向相同。从图中可以明显看出,当风速大于 3.4m/s 时,不论电流的大小,潜供电弧都将很快熄灭。当电流为 30A 左右时,如果风速大于 1.5m/s,此时燃弧时间小于 0.2s,潜供电弧将很快熄灭。当电流为 120A 左右时,如果风速大于 3.0m/s,潜供电弧的燃弧时间小于 0.2s,潜供电弧也将很快熄灭。随着风速的增

大,燃弧时间将大幅减小,这个变化过程在风速较小或风速很大时都不太明显,但在风速为 0.4～3m/s 时,燃弧时间的下降非常明显。

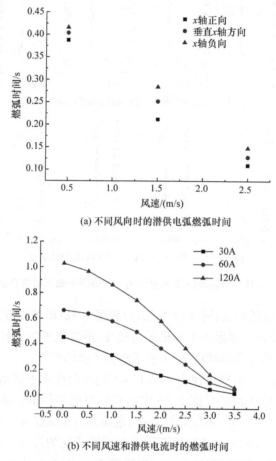

(a) 不同风向时的潜供电弧燃弧时间

(b) 不同风速和潜供电流时的燃弧时间

图 4.13　不同风力情况下的潜供电弧燃弧时间

4.3.4　多物理场耦合应力对运动特性的影响机制

图 4.14(a)给出了风速为 1.4m/s 时,潜供电流分别为 30A 和 70.7A 时,潜供电弧所受电磁力、热浮力和风力的大小。此时潜供电流处于交流正弦波的最大值。从图中可以看出,沿着绝缘子方向(z 轴正向),潜供电弧所受的电磁力大小呈现"U"形分布趋势,而热浮力大小则没有变化。潜供电弧弧根所受电磁力要远大于弧柱所受作用力,因此弧根的运动速度要大于弧柱的运动速度,弧根将带动弧柱向前运动。

无风情况下,潜供电弧将受到电磁力和热浮力的双重作用。沿着电弧轴向,弧根、弧柱所受作用力大小不同,因此弧根、弧柱将呈现出不同的运动特性。具体表现为,弧根的运动在很大程度上由电磁力决定,弧柱在运动的同时还会出现明显向上的运动趋势。

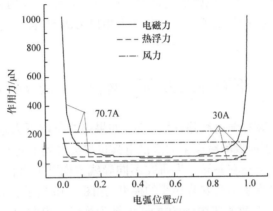

(a) 不同潜供电流情况下潜供电弧的受力情况

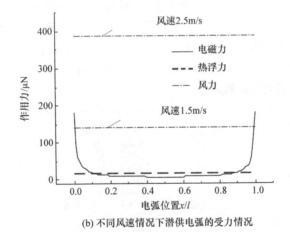

(b) 不同风速情况下潜供电弧的受力情况

图 4.14 不同潜供电流和风速情况下的潜供电弧受力情况

有风情况下,潜供电弧的运动呈现如下特点:当潜供电流较小时,潜供电弧弧根所受电磁力的大小与风力大小接近,此时潜供电弧弧根的运动将由电磁力和风力共同决定;由于弧柱部分所受风力大小远大于热浮力和电磁力,此时潜供电弧弧柱的运动轨迹将基本上由风力决定。当潜供电流较大时,风力和热浮力基本没有变化,而电磁力大幅增长,此时弧根所受电磁力远大于风力和热浮力,因此弧根的运动基本上由电磁力决定;此时对于潜供电弧,风力仍远大于电磁力和热浮力,因此潜供电弧弧柱的运动轨迹将基本上由风力决定。

图 4.14(b) 给出了不同风速情况下潜供电弧的受力情况,选取风速两个典型

值分别为 1.5m/s 和 2.5m/s,潜供电流大小取值为 30A。从图中可以看出,当风速较小时,潜供电弧弧根所受电磁力与风力大致相等,此时弧根的运动将由电磁力和风力共同决定;弧柱所受风力远大于电磁力,因此弧柱的运动主要由风力决定。随着风速的逐渐增加,潜供电弧所受风力的作用将会增大,风力将在电弧的运动中起到决定作用;此时,潜供电弧的运动基本上由风力决定,且风速越大,潜供电弧的运动速度越大。

4.4 不同导线方向下潜供电弧运动特性

当绝缘子串安装在输电线路杆塔上时,如果绝缘子串下方悬挂的导线安装方向不同,发生短路接地故障后产生的潜供电弧也将会受到不同的电磁力作用,因此电弧的运动特性将会存在差异。为研究不同导线方向下的潜供电弧的运动特性,建立了输电线路绝缘子串与安装导线的模型,如图 4.15 所示。其中 x 轴为绝缘子串的电极方向,y 轴为垂直于电极的方向,z 轴为绝缘子串方向,α 为输电线路导线与 x 轴之间的夹角,I_1 和 I_2 分别为单相接地短路点处两侧的短路电流。当导线相互平行($\alpha=0°$)和相互垂直($\alpha=90°$)的情况下潜供电弧运动轨迹分别如图 4.16(a)和图 4.16(b)所示。其中设潜供电流为 44A,图中自左向右三个运动轨迹视图分别为 xyz 三维空间视图、xoz 平面视图、yoz 平面视图。图 4.17 给出了不同导线方向下潜供电弧运动发展轨迹。

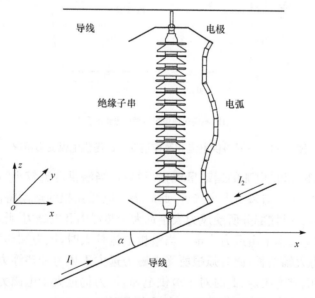

图 4.15 导线与绝缘子串安装位置示意图

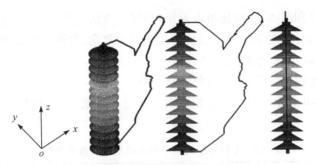

(a) 两导线互相平行时潜供电弧运动轨迹

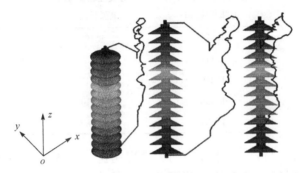

(b) 两导线互相垂直时潜供电弧运动轨迹

图 4.16　不同导线方向下的潜供电弧运动仿真结果多视图

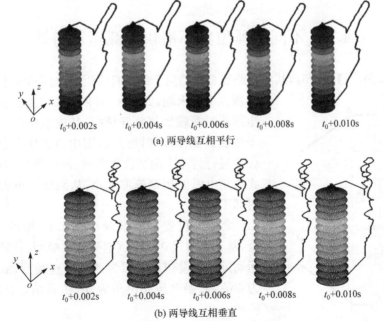

(b) 两导线互相垂直

图 4.17　不同导线方向下潜供电弧运动发展轨迹

从图 4.16 和图 4.17 对比可以看出,当导线方向互相平行时,潜供电弧的运动轨迹在 xoz 平面内,潜供电弧运动轨迹相对不太复杂,自旋现象不太明显。当导线方向互相垂直时,潜供电弧的运动轨迹在三维空间内,此时潜供电弧运动轨迹较为复杂,运动情况相对剧烈,自旋现象非常明显。

表 4.2 给出了导线互相平行和导线互相垂直的情况下,电弧在运动过程中的长度变化情况。

表 4.2　不同导线方向下的电弧运动长度变化情况

时间/s	导线互相平行时 电弧长度/m	导线互相垂直时 电弧长度/m	差值/m
t_0	1.024	1.162	0.138
$t_0+0.05$	1.178	1.357	0.179
$t_0+0.10$	1.360	1.612	0.252
$t_0+0.15$	1.538	1.914	0.376
$t_0+0.20$	1.634	2.182	0.548

从表 4.2 看出,与导线互相平行时的情况相比,当导线方向互相垂直时,潜供电弧长度在相同时间内增长更快,说明此时电弧的运动情况更为复杂。这种情况下,由于电弧散热更多,电弧长度增加更快,导线方向互相垂直时潜供电弧将会更容易熄灭。

4.5　不同起弧位置下潜供电弧运动特性

当线路遭遇雷击时,其放电路径总是趋向于最小直线距离,初始电弧位置一般出现在电极末端,如图 4.18 所示 CD 处。而对于雷电波头时间较短等特殊情况,其放电路径会向绝缘子串表面偏移,此时可选取图中 AB 作为电弧初始位置进行讨论。起弧位置不同,所受电磁力相异,这将决定电弧的运动速度大小,从而导致电弧的燃弧时间不同。

将起弧位置分别设置在图 4.18 中的 AB、CD 处,基于本书建立的潜供电弧仿真模型,计算电弧的运动过程。设初始电弧为理想的直线型,潜供电流为 45A,起始电流相位角为 $0°$,仿真结果如图 4.19 所示。

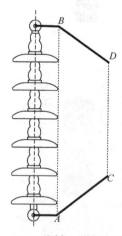

图 4.18　不同起弧位置示意图

由图 4.19(a)可以看出,起弧位置在 $x=0.14\mathrm{m}$

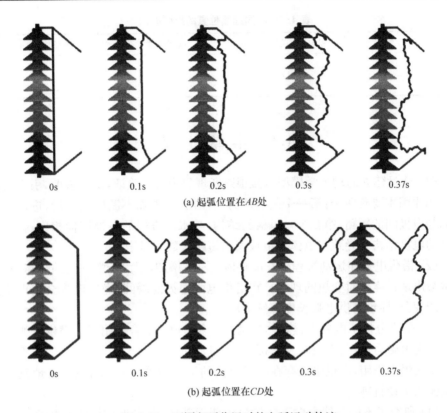

(a) 起弧位置在 AB 处

(b) 起弧位置在 CD 处

图 4.19　不同起弧位置时的电弧运动轨迹

处的电弧,经过 0.37s 后下弧根运动到电极末端,而上弧根运动到 $x=0.232$m 处。弧柱形状则比较复杂,但整体运动趋势落后于弧根。

在运动过程中,电弧受热浮力影响而不断向上拉伸,上弧根沿上电极方向斜向下方运动,故上弧柱部分会与电极接触而发生短路,从而引起弧根跳跃,这印证了物理模拟实验中观察到的类似现象。弧根跳跃的存在,导致整个运动过程中上弧根位置与弧柱整体位置比较接近。下弧根的运动由电磁力与热浮力共同决定,但因下弧柱部分受热浮力作用向上运动,则一般不会发生短路现象。因此,在整个运动过程中下弧根始终领先于弧柱和上弧根,带动电弧不断向前运动。

图 4.19(b)中起弧位置在电极末端,因电流较小,电弧受到的热浮力与电磁力相当,则电弧在沿电极方向运动的同时还不断向上拉伸。

表 4.3 给出了不同起弧位置时的燃弧时间,可见在电极始端起弧时潜供电弧的燃弧时间较长。电弧在向电极末端运动的过程中,上弧柱部分不断与上电极发生短路,且上弧根斜向下方运动而下弧根斜向上方运动,整个过程中电弧长度变化不大,不利于自熄;而在电极末端起弧时,电弧迅速拉伸后长度变化较大,电弧能量不能维持而迅速自熄。

表 4.3　不同起弧位置的燃弧时间

电流/A	恢复电压梯度/(kV/m)	起弧位置	燃弧时间/s
45	17	AB	0.626
		CD	0.558

4.6　本章小结

（1）通过建立的动力学模型对弧根跳跃现象进行了验证，研究表明，引起弧根跳跃的原因主要有两个：第一个是热浮力的作用，使电弧不断向上运动，进而引起电弧与电极间的短路；第二个是电极的结构，与水平方向的电极结构相比，斜向下方向的电极结构会导致与电弧上电极间的短路次数明显增多。

（2）潜供电弧在运动过程中长度整体上不断增加，但由于弧柱间的短路现象，经常会出现长度暂时变短的现象。在潜供电弧熄灭前瞬间，潜供电流会出现突然增大的现象，导致潜供电弧长度骤然增加。

（3）仿真分析了电磁力、热浮力、风力等多物理场耦合作用下的潜供电弧运动特性。受电磁力作用，电弧本身呈螺旋状，且潜供电流越大，电弧的自旋现象越明显。受热浮力作用，潜供电弧存在明显上扬的扩展趋势。风力可以显著地改变潜供电弧的运动轨迹。

（4）研究了不同导线方向下的潜供电弧运动特性，发现在导线互相垂直的情况下，潜供电弧的运动情况更剧烈，电弧在相同时间内长度增加更快，潜供电弧将会更容易熄灭，可为绝缘子串和导线的安装设计提供参考。

第5章　潜供电弧等离子体数值模拟

本章将一般形式的系数型偏微分方程与经典漂移-扩散模型相结合,推导获得潜供电弧放电过程的等离子体数学模型。通过该数学模型描述潜供电弧故障起始阶段放电过程中正离子、负离子、电子的产生、吸附和复合等反应过程,并结合高斯定理,分析带电粒子分布对空间电场的影响。采用多物理场耦合分析软件 COMSOL进行模拟计算,分析放电过程中正离子、负离子、电子的空间分布特性。

5.1　潜供电弧放电等离子体数学模型

随着计算机技术的不断发展,目前主要有粒子追踪统计学数值模型和基于偏微分方程组的连续性数值模型。其中前者可以获得粒子的宏观集群运动特性,还可以通过粒子-场交互分析获得带电粒子对电磁场的影响[99-102],但在考虑粒子之间的复合、吸附现象和碰撞截面参数等方面具有一定的局限性。

在基于偏微分方程组的连续性数值模型方面,Davies 等建立了平板电极间的流体动力学二维放电模型,可以很好地揭示放电过程的空间现象[100];此后,Georghiou 等将此模型不断完善,但是仿真对象多限于电晕等短间隙脉冲放电[102];剑桥大学 Metaxas 针对空气间隙的流注放电过程进行了二维数值计算;任飞飞等建立了三维光致电离模型,对空气和氮气中的正流注放电特性进行了模拟分析,阐述了光致电离对流注放电的影响[103,104]。与粒子追踪理论不同,基于偏微分方程组的连续性数值模型针对空气放电过程中的离子受力、扩散、对流、中和、吸附等现象,考虑因素更为全面。潜供电弧涉及电、热、光、流体和等离子体等多个物理过程,本书选用基于偏微分方程组的连续性数值模型进行模拟。

5.1.1　系数型偏微分方程和漂移-扩散模型

电场是影响放电过程的关键因素。电离过程中离子的迁移、对流、扩散等过程均受到外电场的影响。同时,电离过程产生的离子也会影响原有空间的电场分布。电场分布服从式(5-1)和式(5-2):

$$E = \nabla V \tag{5-1}$$

$$\nabla \cdot \nabla V = \frac{\rho_v}{\varepsilon_0} \tag{5-2}$$

其中,E 为空间电场矢量;V 为电势;ρ_v 为电荷密度;ε_0 为真空中的介电常数。

系数型偏微分方程是描述自然界物理现象较为通用的数学模型之一,它可以有效地定义空间中物理量对时间和空间的一阶导数、二阶导数所涵盖的物理过程。通过指定方程的系数项,系数型偏微分方程可以用于计算受力、振动、扩散、场源、吸收、对流等现象。一般而言,对于单一的空间物理量,系数型偏微分方程可以写成式(5-3)所示的形式:

$$e_a \frac{\partial^2 u}{\partial t^2} + d_a \frac{\partial u}{\partial t} + \nabla \cdot (-c\,\nabla u - \alpha u + \gamma) + \beta \cdot \nabla u + \alpha u = f \tag{5-3}$$

其中,e_a 为质量系数;d_a 为阻尼系数;c 为扩散系数;α 为保守场对流系数;γ 为保守场源;β 为非保守场对流系数;f 为外部场源;u 为空间中的物理场。u 代表不同物理量时,式(5-3)中各个系数的单位也不同。当 u 表示空间离子密度时,式(5-3)中各个系数的单位如表 5.1 所示。

表 5.1　系数型偏微分方程描述空间离子密度分布

符号	物理意义	单位
u	空间离子密度	$1/m^3$
e_a	质量系数	s
d_a	阻尼系数	1
c	扩散系数	m^2/s
α	保守场对流系数	m/s
γ	保守场源	$1/(m^2 \cdot s)$
β	非保守场对流系数	m/s
f	外部场源	$1/(m^3 \cdot s)$

基于流体动力学漂移-扩散理论,式(5-4)~式(5-6)描述了空气电离过程中,电子、正离子、负离子的产生、消失、运输以及发展过程。

$$\frac{\partial n_e}{\partial t} = S_e + n_e \alpha |v_e| - n_e \eta |v_e| - n_e n_p \beta - \nabla(n_e v_e) + \nabla(D_e \nabla n_e) \tag{5-4}$$

$$\frac{\partial n_p}{\partial t} = S_p + n_e \alpha |v_e| - n_e n_p \beta - n_n n_p \beta - \nabla(n_p v_p) \tag{5-5}$$

$$\frac{\partial n_n}{\partial t} = n_e \eta |v_e| - n_n n_p \beta - \nabla(n_p v_n) \tag{5-6}$$

其中,n_e、n_p 和 n_n 分别代表电子、正离子、负离子的密度;t 为时间;v_e、v_p 和 v_n 分别代表电子、正离子、负离子的迁移速度(矢量);α、η、β 和 D 分别表示电离、吸附、复合和扩散系数;S 表示电离所引起的源项。

5.1.2　潜供电弧放电过程简化模型

潜供电弧放电过程中,结合系数型偏微分方程的一般形式(式(5-3)),可将式(5-4)~式(5-6)中的二次电离过程统一在方程的源项 f 中。在此前提下,气体电离过程的运输方程可以简化为如下形式:

$$d_e \frac{\partial N_e}{\partial t} + \nabla \cdot (-D_e \nabla N_e) + \beta_e \cdot \nabla N_e = f_e \tag{5-7}$$

$$d_p \frac{\partial N_p}{\partial t} + \nabla \cdot (-D_p \nabla N_p) + \beta_p \cdot \nabla N_p = f_p \tag{5-8}$$

$$d_n \frac{\partial N_n}{\partial t} + \nabla \cdot (-D_n \nabla N_n) + \beta_n \cdot \nabla N_n = f_n \tag{5-9}$$

其中,N_i 为离子密度;D_i 为扩散系数;β_i 为非保守场对流系数;f_i 为粒子的源项,表示粒子的净产生速率;下标 i 代表 e、p、n。

1. 粒子的源

粒子的源项指使粒子增加和减少的反应过程,主要包括:

电子碰撞电离过程

$$f_{ion} = \alpha N_e \mu_e E \tag{5-10}$$

电子吸附到电负性分子上(CO_2,H_2O,O_2)

$$f_{att} = \eta N_e \mu_e E \tag{5-11}$$

电子从负离子上脱离下来

$$f_{det} = k_{det} N_e N_n \tag{5-12}$$

电子和正离子的复合过程

$$f_{ep} = \beta_{ep} N_e N_p \tag{5-13}$$

正离子和负离子的复合过程

$$f_{pn} = \beta_{pn} N_p N_n \tag{5-14}$$

背景电场作用下的电离系数为 f_0。在上面的表达式中,α 是碰撞电离中离子转化率;η 是吸附系数;k_{det} 是分离系数;β_{ep} 和 β_{pn} 是不同电性粒子的复合系数。因此,可以得出电子、正离子、负离子三种粒子的净产生速率分别为

$$f_e = f_{ion} + f_{det} + f_0 - f_{att} - f_{ep} \tag{5-15}$$

$$f_p = f_{ion} + f_0 - f_{pn} - f_{ep} \tag{5-16}$$

$$f_n = f_{att} - f_{det} - f_{pn} \tag{5-17}$$

2. 粒子的扩散过程

在实际的空气电离过程中,粒子在空间中的扩散速度受温度、压强等环境因素

影响。温度越高,压强差越大,正负离子扩散速度越大。为了简化相关模型,假定粒子的扩散速度不受温度、压强等参数影响,通过指定扩散系数 D_i 来描述扩散过程。

　　3. 粒子的对流过程

　　在放电过程中,电场力是使粒子产生对流的主要作用力,其过程可以用如下方程描述:

$$\beta_i = \mu_i E \tag{5-18}$$

其中,μ_i 代表粒子的迁移率,单位是 m/s。

5.1.3　基于泊松方程的电场数学模型

　　在粒子源项中,大部分反应速率均与电场强度 E 相关,式(5-7)~式(5-9)需要与泊松方程耦合才能完整求解整个放电过程。泊松方程是一种广泛适用于静电场分析、数学工程、理论物理等领域的椭圆类型偏微分方程组,描述了静电场空间电势与空间电荷分布的关系,具有如下形式:

$$\nabla(-\varepsilon_0\varepsilon_r\,\nabla V) = e(n_p - n_e - n_n) \tag{5-19}$$

$$-\nabla V = E \tag{5-20}$$

其中,ε_0 为真空介电常数;ε_r 为相对介电常数;V 为电势;e 为电子电荷量。需要指出的是,式(5-19)右侧的体电荷密度会随着放电过程在空间发生变化,从而造成局部的场强增大或减小。而场强的变化又会反过来影响局部带电粒子的产生和消逝。这样,将连续性方程和泊松方程耦合,就获得了完整描述整个放电过程的漂移-扩散模型。

5.2　潜供电弧放电过程数值仿真

5.2.1　模型定义和网格剖分

　　本章在多物理场耦合仿真软件 COMSOL 中建立了潜供电弧放电过程数值计算模型,如图 5.1 所示。由于该模型为轴对称结构,可将其简化为二维形式。整个放电空间高 1.62m,宽 0.4m。绝缘子串长(上、下极板间距)设定为 1m,绝缘子中心柱的半径为 0.025m。通过 COMSOL 中内嵌的贝塞尔曲线、矩形等二维几何实体分别建立瓷绝缘、引弧线、正电极、负电极和放电区域等的物理结构。采用自由三角形对上述结构进行网格剖分,该模型的网格由 10821 个三角形构成,其中最大的网格尺寸为 0.06m,最小网格尺寸为 0.01m。

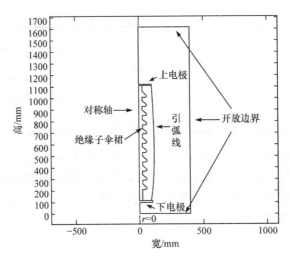

图 5.1　几何模型

5.2.2　模型参数设置

1. 空气放电方程反应系数

空气放电过程的本质是空气中中性气体分子在强电场作用下形成电离，生成离子束。离子与电场、磁场和气流相互作用导致迁移现象；离子与离子作用之间发生弹性碰撞导致中和、二次电离等现象；离子与电极相互作用导致吸附、湮灭等现象。空气放电过程的离子反应方程多达三百余个，一般来说，即便简化为氧气和氮气电离过程的电离反应方程也有 27 个[102]。且反应方程的碰撞截面系数受到气压、温度等参数影响。反应方程的碰撞截面一般通过玻尔兹曼方程或者麦克斯韦方程电动力学理论并结合基本实验估算[104]，即便如此仍有一定的误差，这种误差平摊在每个反应方程上将使模型产生较大的不确定性并严重影响有限元模型的收敛性和结果的可靠性。

将电离反应离子类别进行归一化处理，通过式(5-7)~式(5-9)所示的偏微分方程描述放电过程中的离子输运现象。方程中所涉及的常数系数项根据文献[105]所提供的反应碰撞截面数据并结合模型收敛性进行适当调整，相关系数如表 5.2 所示。

表 5.2　反应参数

名称	表达式	描述
$\mu_p/[m^2/(V \cdot s)]$	2.0×10^{-4}	正离子迁移率
$D_p/(m^2/s)$	5.05×10^{-4}	正离子扩散率
$\mu_n/[m^2/(V \cdot s)]$	2.2×10^{-4}	负离子迁移率

续表

名称	表达式	描述
$D_n/(m^2/s)$	5.56×10^{-4}	负离子扩散率
$\beta_{ep}/(m^3/s)$	5.0×10^{-14}	电子正离子复合率
$\beta_{pn}/(m^3/s)$	2.07×10^{-13}	正负离子复合率
$f_0/[1/(m^3/s)]$	1.7×10^9	源项

对于电离和复合与电场强度相关的离子反应碰撞截面系数,通过插值拟合文献[105]中所列的反应碰撞截面数据,得到如图 5.2 所示的拟合结果。其中,横坐标为退化电场强度 $E_{red} = E/N$,纵坐标为截面面积,N 为给定环境气压和温度下空间气体分子数量密度。

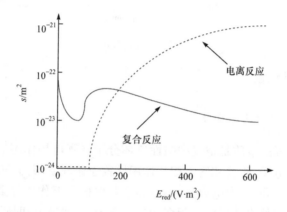

图 5.2　电离反应与复合反应碰撞截面-电场关系曲线

2. 短路电弧的数值模拟

潜供电弧属于二次电弧,一般在短路电弧被切除后出现。模拟实验中先用金属丝引弧模拟短路电弧,进而产生潜供电弧。本模型中加入引弧线,仿真开始后由引弧线上散发粒子源(电子 g_{e2}、正离子 g_{p2}、负离子 g_{n2}),来模拟短路电弧产生的高电荷密度电弧通道。粒子源采用高斯脉冲函数,具体形式如下:

$$\begin{cases} g_{e2} = 10^{13} \times g_{p1}(t) \\ g_{p2} = 10^{13} \times g_{p1}(t) \\ g_{n2} = 10^{13} \times g_{p1}(t) \end{cases} \tag{5-21}$$

其中,$g_{p1}(t)$ 为高斯脉冲函数,中心位置取值为 3×10^{-10},标准偏差为 1×10^{-10}。

3. 初始条件和边界条件

考虑到粒子反应的可持续性,反应初始阶段三种粒子初始密度均设置为

$10^{13}/m^3$。结合图 5.1 所示的几何结构,数值模拟中采用的边界条件如表 5.3 所示。其中在对称轴上满足对称边界条件,在上电极上加载 600kV 高压,考虑到正电极对负离子的吸附和中和作用,此处负离子密度设置为零。同理,在负电极表面正离子密度设置为零。引弧导线表面根据式(5-21)加载瞬态高斯脉冲源。其余边界作为零通量边界定义离子输运过程仿真计算域的外层边界。

表 5.3　边界条件设置

边界	漂移和扩散 N_e	漂移和扩散 N_p	漂移和扩散 N_n
对称轴	$\dfrac{\partial N_e}{\partial t}=0$	$\dfrac{\partial N_p}{\partial r}=0$	$\dfrac{\partial N_n}{\partial r}=0$
上电极	$N_e=0$	$-n \cdot (D_p \nabla N_p)=f_+$	$N_n=0$
下电极	$-n \cdot (D_e \nabla N_e)=f_-$	$N_p=0$	$-n \cdot (D_n \nabla N_n)=f_-$
引弧线	$-n \cdot (D_e \nabla N_e)=g_{e2}$	$-n \cdot (D_p \nabla N_p)=g_{p2}$	$-n \cdot (D_n \nabla N_n)=g_{n2}$
其他边界	$-n \cdot (D_e \nabla N_e)=0$	$-n \cdot (D_p \nabla N_p)=0$	$-n \cdot (D_n \nabla N_n)=0$

5.3　仿真结果分析

5.3.1　空间电场分布特性

1. 电场分布

潜供电弧起始时刻空间电场分布如图 5.3 所示,空间电场矢量从正极指向负极,单位为 V/m。根据电场的定义 $E=-\nabla V$,电场强度越大,意味着电势的空间

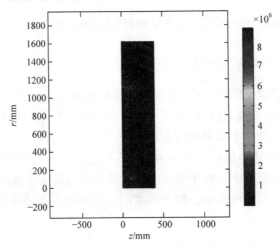

图 5.3　空间电场分布

变化率越大。由于静电场电势边界条件的约束,正电极和负电极内部电势分布较为均匀,电极内部电场强度为零。由于电极形状的几何效应,正电极的凸起部分电场强度很强,形成"尖端"。

2. 电场-时间特性

由于空间带电粒子产生的电场与电极产生的电场相对独立,进一步研究了放电空间中部区域某点($r=120\text{mm},z=680\text{mm}$)的电场强度时间特性,如图 5.4 所示。计算结果表明,随着放电时间的增加,该点的电场强度快速上升,一方面是因为放电过程中产生的大量带电粒子引起的,另一方面因为该点靠近短路电弧放电区域。当放电进入后期阶段,带电粒子在电场的作用下迁移扩散到其他区域,电场强度的增加速度逐渐趋于平缓。

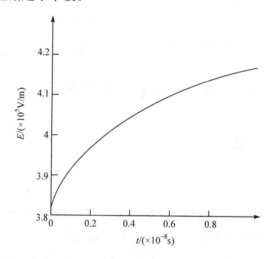

图 5.4　放电空间中部某点的电场-时间变化曲线($r=120\text{mm},z=680\text{mm}$)

3. 轴向电场强度-时间特性

为了研究电场强度随时间的发展趋势,选取正负电极之间 $r=100\text{mm}$ 处的截线作为对象,分析仿真初始阶段、短路中间阶段、短路峰值阶段、短路下降阶段,以及放电过程后期的轴向电场强度的变化趋势,如图 5.5 所示。

计算结果表明,由电极高压产生的电场在接近电极区域的电场强度最大,放电区域中间的电场强度最小。粒子对空间电场的贡献与高压电极产生的空间电场贡献相比,比例较小,但不可忽略。粒子对空间电场的贡献量在中间放电区域最大,在电极附近较小。

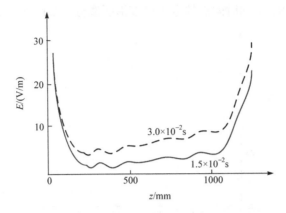

图 5.5　$r=100\text{mm}$ 处轴向电场强度随时间的变化趋势

5.3.2　带电粒子分布特性

1. 带电粒子密度整体分布

瞬态分析结束时的正离子、负离子和电子的密度分布如图 5.6 所示。放电结束时空间电子主要集中在负极附近，为 $1.05\times10^{13}/\text{m}^3$。在正电极对电子的吸附、中和作用下，正电极附近电子密度最低，表面电子密度为零。与电子密度分布规律类似，负离子在负电极附近密度较高，达到 $1.59\times10^{13}/\text{m}^3$，由负电极向正电极迁移。与负离子密度分布相反，正离子由于负电极的吸附、中和作用，在正电极处密度最大，达到 $1.23\times10^{13}/\text{m}^3$。在库仑力的作用下，由正电极指向负电极。

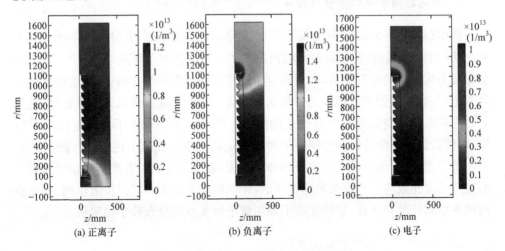

图 5.6　放电结束时刻带电粒子密度分布

以引弧线为例,不同时间点的电子密度沿弧线分布如图 5.7 所示。

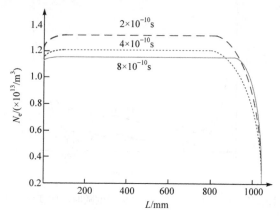

图 5.7　不同时间点电子密度沿弧线分布

随着短路放电的进行,电子密度先增加后减小,并且有向阴极集中的趋势。由于阳极对电子的吸收作用,阳极鞘内电子密度近似为 0。需要注意的是,电子密度从阴极弧根至中间等离子体区出现了并不明显的增加。这是由于大电流短路电弧强大的焦耳热作用,周围的空气发生强烈电离,并不会出现电子碰撞电离导致击穿的过程。整个短路电弧过程出现的最大电子密度达到 $1.3 \times 10^{13}/m^3$,至仿真末尾时也有 $1.05 \times 10^{13}/m^3$ 以上,证明由于短路放电,增加了空间粒子密度,为潜供电弧的产生提供了必要的环境条件。

2. 不同时间带电粒子密度分布

放电过程中不同时间带电粒子的密度分布及高速摄像实验结果如图 5.8 所示。从图中可以看到,初始时刻空间内部正离子密度和电子密度均为 $1 \times 10^{13}/m^3$,分布较为均匀。放电开始后,当短路电流尚未使引弧铜丝熔化时,电极附近出现电晕放电,与高速摄像机所捕捉的影像基本吻合。由于高速摄像机是光敏器件,电弧图片与带电粒子空间分布存在一定的差异。图 5.8 分别给出了短路电流上升阶段、峰值阶段和下降阶段的空间电子密度和正离子密度。从上述三个时刻的影像中不难看出,在短路电流上升阶段和峰值阶段,电子与正离子密度集中在引弧铜丝附近产生发光效应。当引弧铜丝熔断后,带电粒子在电场和对流扩散作用下,逐步向周围空间扩散和迁移,最终使电子和正离子密度空间分布趋于稳定状态。

3. 不同位置带电粒子密度分布

图 5.9 给出了负离子在正极、负极表面及引弧线中点的变化规律。这体现了

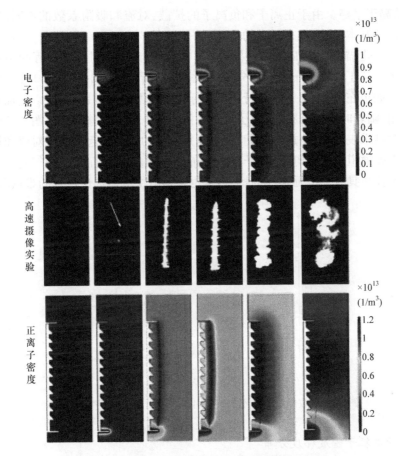

图 5.8　带电粒子密度分布及高速摄像实验结果

短路放电过程中,瞬态过程从初始密度到稳态的渐变过程。不难看到,空间负离子密度在初始时刻为 $1 \times 10^{13}/\mathrm{m^3}$,随着时间推移,负离子密度首先上升,然后快速衰

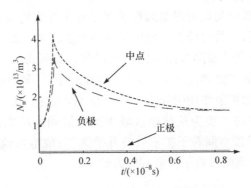

图 5.9　放电过程中不同时刻负离子密度变化曲线

减,最后趋于平稳。由于正离子和负离子的扩散、对流和吸附系数的不同,尽管两者变化趋势基本一致,但有一定的差别。

　　为了量化描述在高压静电场中短路放电的瞬态过程,对放电过程中不同时刻引弧线上正离子密度分布进行了分析,如图 5.10 所示。图中横坐标 0 点对应负电极表面。如果在图 5.10 中沿平行于横坐标的方向做一条辅助线,可以更加直观量化地给出,随着时间的推移,正离子从正电极到负电极的迁移过程。图 5.8 中高速摄像实验结果表明,短路放电末期,由于电弧产生的热量引起的空气对流和烟雾将对潜供电弧通道形状和电子、离子空间分布产生严重影响,而复杂的气流条件所产生的影响往往具有高度随机性的特点,这也正是潜供电弧理论仿真的难点所在。

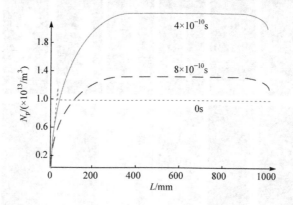

图 5.10　放电过程中不同时刻引弧线上正离子密度变化曲线

4. 带电粒子密度梯度分布

　　放电初期、放电峰值和放电后期三个阶段带电粒子密度等值线及梯度流线分别如图 5.11、图 5.12 和图 5.13 所示。图中粒子密度由等高线表示,单位为 $1/m^3$,粒子密度梯度由流线表示。

　　图 5.11 表明,放电初始阶段空间粒子密度分布较为均匀,密度梯度分布接近于零。图 5.12 表明,在放电峰值阶段由于短路产生的粒子源在短路引弧线附近大量聚集,密度梯度方向从短路线附近向周围扩散。根据式(5-3),密度梯度直接决定了粒子在空间中的扩散速度及扩散方向,因此对于粒子密度梯度的分析可以有效地得到各个时刻的扩散作用引起的粒子密度空间变化。图 5.13 表明,在放电后期,粒子密度扩散方向主要为从放电区域中部扩散到两端电极。综合图 5.11～图 5.13,放电初始阶段空间粒子扩散效应几乎为零;放电峰值阶段粒子扩散方向为径向扩散;放电后期阶段粒子扩散方向为轴向。

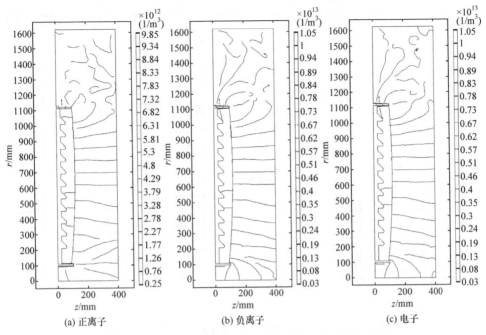

图 5.11　放电初期带电粒子密度等值线及其梯度流线图

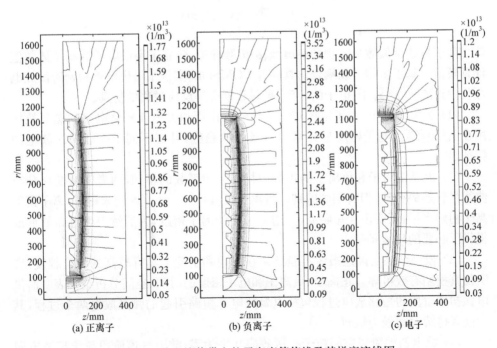

图 5.12　放电峰值带电粒子密度等值线及其梯度流线图

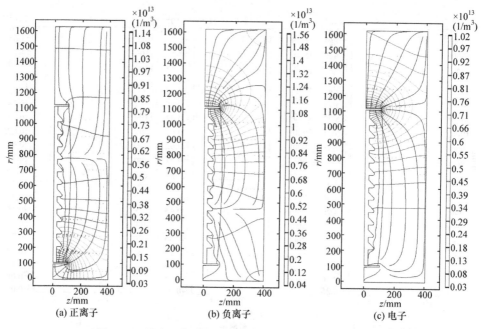

图 5.13　放电后期带电粒子密度等值线及其梯度流线图

5.4　本章小结

　　基于系数型偏微分方程和经典漂移-扩散理论,建立了潜供电弧等离子体数值计算模型。基于多物理场耦合仿真软件 COMSOL,实现了潜供电弧初始阶段放电过程中正离子、负离子、电子的产生、吸附和复合等反应过程的仿真。

　　(1) 放电过程中,由于阳极对电子的吸收作用和大电流短路电弧的焦耳热作用在引弧铜线上电子密度呈先增加后减小的趋势,且有不同于一般流注放电的特征。

　　(2) 由于正离子和负离子的扩散、对流、吸附系数的不同,两者密度变化分布曲线尽管趋势一致,但有细微区别。当离子反应趋近于仿真时间末尾时,离子密度高于初始水平,证明由于短路放电,增加了空间离子密度,为后续潜供电弧的形成提供了必要的环境条件。

　　(3) 模型结果与高速摄像实验结果在时间和空间上具有较高的吻合程度,表明仿真模型有效可靠。正离子、负离子和电子密度的时间、空间分析结果表明潜供电弧初始阶段的短路放电过程包括电晕放电和短路引起的弧光放电两个过程,其中前者持续时间极为短暂。

　　(4) 放电初始阶段空间粒子扩散效应几乎为零;放电峰值阶段粒子扩散方向为径向;放电后期阶段粒子扩散方向为轴向。

第6章　潜供电弧图像识别与三维重构

本章建立潜供电弧低压模拟实验平台,采用基于 CCD 图像传感的高速光学成像系统以获得潜供电弧的运动轨迹。通过图像灰度化、自适应中值滤波、图像分割、拉普拉斯边缘检测等处理,分析潜供电弧图像特征,识别潜供电弧的不规则运动特性,针对不同电流下的关键参数进行提取。

三维重构是计算机视觉中的重要分支,可根据实际需要提供空间场景中比较准确的方位以及各种物体的形态。潜供电弧在空间中的运动复杂多样,二维图像难以全面表达电弧运动的所有信息。本章对潜供电弧图像进行三维重构,以准确得到电弧的运动图像,获得全面精确的电弧信息。

6.1　潜供电弧的图像识别

6.1.1　图像采集原理

高速摄像机作为图像采集系统的关键组成部分,其成像系统的性能主要取决于两个参数,即镜头焦距和镜头光圈。成像系统的原理如图 6.1 所示。

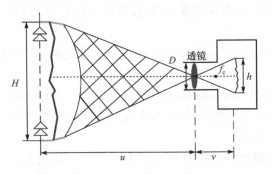

图 6.1　高速摄像机成像系统原理

1. 镜头焦距

镜头焦距直接关系视场角的大小,其计算公式如下:

$$f = v\frac{u}{H} \tag{6-1}$$

其中,f 为镜头焦距;v 为镜头到图像传感器感光面的距离;u 为镜头到物体的距离;H 为目标物体的高度。考虑到实验电弧长度位于 1.0～2.0m,光学成像系统与电弧距离约为 5.0m,镜头焦距设定为 80mm。

2. 镜头光圈

镜头光圈作为光栏装置,可控制通光面积。镜头光圈孔径大小可对感光图像清晰度产生影响,其光学衍射产生的最小离散点可由 Airy 公式求得

$$r = \frac{1.22\lambda f}{D} = 1.22\lambda F \tag{6-2}$$

其中,r 为衍射斑半径;λ 为入射光波长;f 为焦距;D 为镜头光圈孔径;F 为光圈相对孔径。衍射斑大小与光圈的相对孔径 F 成正比。为保证足够长的焦深以及较高的影像解像力,同时不产生较大的衍射,镜头光圈 F 设置为 1.4,曝光时间设定为 2ms。在透镜前安装一个带通为 320～480nm 的滤光器以降低入射光的强度。由于燃弧的持续时间约为几秒钟,最大分辨率调整设为 796×992,帧率设置为500 帧/s。高速摄像机的成像时间能达 1min,可拍摄到潜供电弧整个演变过程。

6.1.2　图像处理算法

潜供电弧图像处理过程主要包括图像预处理、基本边缘检测和去除无关节点三个阶段。算法流程如图 6.2 所示。

步骤 1　图像灰度化。

以灰度级别为 L 的数字图像为例,设像素点亮度为 $Y[i,j]$($0 \leqslant i,j \leqslant L-1$),如图 6.3 所示[106,107]。

由于 CCD 传感器采集的图像是 RGB 格式,首先采用浮点算法将潜供电弧图像灰度化,即

$$Y(i,j) = 0.2989R(i,j) + 0.5870G(i,j) + 0.1140B(i,j) \tag{6-3}$$

其中,Y 为灰度值;R 为红色分量;G 为绿色分量;B 为蓝色分量。

步骤 2　图像去噪。

为减小空间电磁波和光照的干扰,采用自适应中值滤波算法去除图像上的噪声和假轮廓[107],即

$$f(i,j) = \frac{1}{M}\sum(m,n) \in S\sum l(m,n)Y(i-m,j-n) \tag{6-4}$$

其中,l 为 3×3 卷积掩码;S 为所选区域;M 为相邻像素数量,取为 8。

步骤 3　图像分割。

与图像背景相比,潜供电弧亮度明显偏高。为便于分析,对滤波后的图像进行分割和二值化处理,即

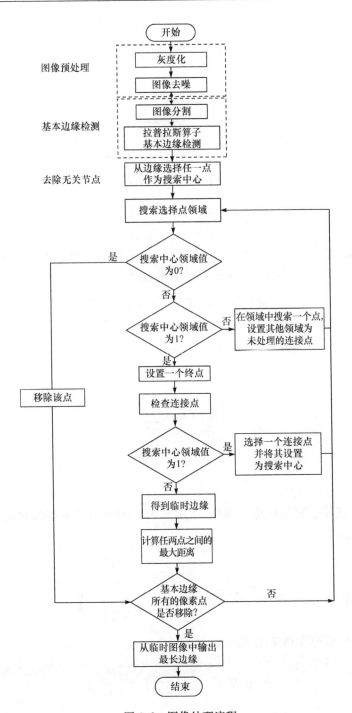

图 6.2　图像处理流程

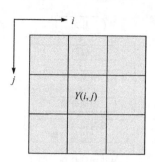

图 6.3　3×3 领域

$$
\begin{cases}
f(i,j)=1, & f(i,j)\geqslant T \\
f(i,j)=0, & f(i,j)<T
\end{cases}
\tag{6-5}
$$

其中，T 是阈值，其取值很大程度上影响图像二值化的效果。本章采用大津算法，能搜索到小于不等式中所给出的类间方差的阈值。

$$
\sigma_w^2(T)=\omega_0(T)\sigma_0^2(T)+\omega_1\sigma_1^2(T)
\tag{6-6}
$$

其中，ω_0、ω_1 是根据像素灰度值与阈值 T 的大小关系所得到的两个概率值；σ_0^2、σ_1^2 是这两个类型的方差。不同阈值所对应的概率 $\omega_0(T)$、$\omega_1(T)$ 可以从 L 灰度直方图中计算。

$$
\begin{cases}
\omega_0(T) = \displaystyle\sum_{i=0}^{t-1} p^i \\
\omega_1(T) = \displaystyle\sum_{i=t}^{L-1} p^i
\end{cases}
\tag{6-7}
$$

步骤 4　边缘检测。

拉普拉斯算子简单且易于操作，可用来测量图像的基本空间梯度和方向，如式(6-8)所示：

$$
\nabla^2 f(x,y)=
\begin{bmatrix} G_x \\ G_y \end{bmatrix}=
\begin{bmatrix} \dfrac{\partial^2 f}{\partial x^2} \\[2mm] \dfrac{\partial^2 f}{\partial y^2} \end{bmatrix}
\tag{6-8}
$$

该矢量的幅值和角度由式(6-9)所示：

$$
\begin{cases}
\mathrm{mag}(\nabla^2 f)=\sqrt{\left(\dfrac{\partial^2 f}{\partial x^2}\right)^2+\left(\dfrac{\partial^2 f}{\partial y^2}\right)^2} \\[4mm]
\alpha=\arctan\left(\dfrac{G_y}{G_x}\right)
\end{cases}
\tag{6-9}
$$

拉普拉斯算子掩码如图 6.4 所示。

拉普拉斯算子		
−1/8	−1/8	−1/8
−1/8	1	−1/8
−1/8	−1/8	−1/8

全通滤波器		
0	0	0
0	1	0
0	0	0

平均滤波器		
1/8	1/8	1/8
1/8	0	1/8
1/8	1/8	1/8

图 6.4　拉普拉斯算子掩码

拉普拉斯算子由平均滤波器和全通滤波器两部分组成。平均滤波器计算的是边缘信息,通过减法运算,可得到局部高频分量。

步骤 5　去除无效边界。

检测到的边缘点有时是不连续的或者是假轮廓。为了去除光圈所形成的假轮廓,搜索图像中的所有基本边缘点,并删除不相关的节点。具体步骤如图 6.2 所示。从基本边缘任意选择一点作为中心点,并搜索一个 3×3 的相邻区域。根据搜索的相邻区域的数量不同,可以分为三种情况:

(1) 如果没有相邻像素点,则所选择的点是孤立点,可以将该点直接删除;

(2) 如果只有一个相邻像素点,则所选择的点被设置为终点;

(3) 如果相邻像素点大于 1,则该点是正常转移点。将其中一个相邻像素点设为新的中心点,并重新开始搜索。将其他相邻像素点设置为未选中的连接点。

检查连接点。如果这些像素点都是由同一个中心点搜索得到的,则可将这些像素点作为一个暂时边界。

步骤 6　确定真实边界。

计算任意两个终点之间的距离,其最大距离值即为此图像的真实边界。

6.1.3　实验结果分析

通过实验获得近百幅潜供电弧演变图像,选取某典型图像的一个周期进行分析。为重点研究电弧实体,通过裁剪图像获得潜供电弧主体,如图 6.5 所示。

从图 6.5(a)可以看出,由于潜供电弧具有强烈的非线性和随机性,电压和电流波形中含有大量谐波。对波形进行傅里叶分析,可知电流和电压的有效值分别为 30A 和 4kV。当电流过零时,电压波形出现振荡,可作为判断电弧运动平滑度的一个指标。由于潜供电弧具有电阻性质,电流和电压同时过零。

流过极板的电流和电弧电流本身都会产生强磁场。一方面,弧根沿着电极运动迅速拉长形成弧柱;另一方面,旋转磁力使弧柱连续旋转,电弧产生周期性摆动。一旦阴极和阳极的弧根发展到电极终端,此时弧根固定,其发展速度变为零,然而,

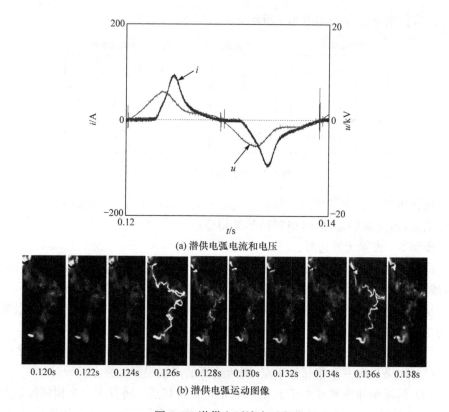

(a) 潜供电弧电流和电压

0.120s　0.122s　0.124s　0.126s　0.128s　0.130s　0.132s　0.134s　0.136s　0.138s

(b) 潜供电弧运动图像

图 6.5　潜供电弧演变过程

弧柱仍在运动。通常,潜供电弧沿着电极的方向运动,同时,弧根具有由根部高温引起的不动特性,但是在某些情况下,弧根会沿与弧柱运动相反的方向移动。由于潜供电弧在运动过程中释放大量能量,其演变过程通常伴随着较大的噪声和火花。

　　潜供电弧一旦达到稳定状态,弧柱的惯性和加速度会大大减小,此时电弧的运动速度相对较慢。弧柱会受到风力、空气阻力、热浮力和电磁力的影响。在小风条件下,可以近似认为施加在弧柱上的电磁力等于空气阻力。

$$\begin{cases} F_a = \dfrac{1}{2} C \rho d l v^2 \\ F_m = I l B \end{cases} \tag{6-10}$$

$$v \approx \sqrt{\dfrac{2IB}{C \rho d}} \tag{6-11}$$

其中,v 是潜供电弧弧柱平均运动速度;ρ 是空气密度;C 是常数;d 是潜供电弧直径;l 是弧长。

　　从处理后的潜供电弧图像可以看出,随着电流强度的增加,等离子体和电子能量的消耗也随之增加。因此,图像的亮度与电流强度紧密相关,并且周期性地发生变化。当电流上升时,图像变得明亮;而电流过零时,图像变得相对较暗。尽管图像的某些区域是清晰的,但是边界区域太过模糊,无法提取图像形状并直接跟踪像素的位置。综上所述,热效应决定了图像质量。

　　图 6.6 为某典型的潜供电弧图像,其像素为 796×992。设 ε 为空间分辨率,单个像素对应宽度为 1.13mm。将图像输入 MATLAB,并使用上述算法进行处理,得到以下结果。

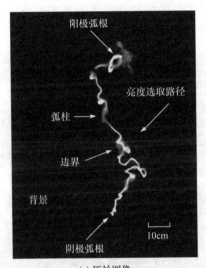

(a) 原始图像

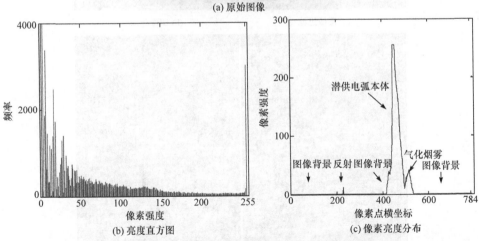

(b) 亮度直方图　　　　　　　　　　(c) 像素亮度分布

图 6.6　典型的潜供电弧图像及亮度

　　潜供电弧图像由背景、边界区域和弧体三部分组成。弧体可分为阳极弧根、弧柱和阴极弧根。图像的亮度分布不均匀,其中峰值较小的区域对应于图像背景,纯暗区域的像素值为零。而峰值较大的部分对应于电弧本体,弧柱中心峰值达到最大值,并且强度从中心向外逐渐递减。

　　图像处理过程如图 6.7 所示。通过图像灰度化,在每个像素点上使用 3×3 矩形平均滤波器,可以去除图像上的大量噪声,凸显模糊区域,而保留细节部分;通过二值分割,可以将图像分为逻辑值为 0 和 1 两类,其中背景与弧体的分割结果不同。应用拉普拉斯算子,最终获得图像的过零点,并检测到图像的基本轮廓,其中包含许多不可见的局部边缘点。从这个典型图像中提取的边缘是间断的,部分边缘曲线间断不连续,有些边界区域并非弧体的真实边缘。应用本章提出的算法,通过删除无关节点,可获得一个不间断的边缘。由于该算法中增加了步骤 5 和步骤

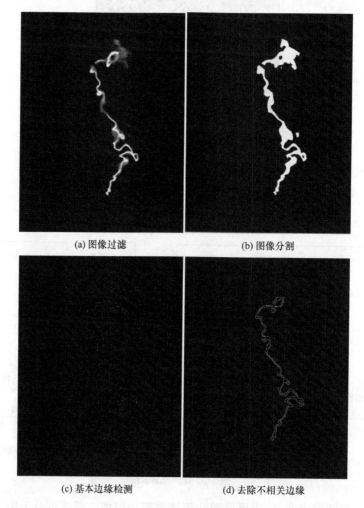

(a) 图像过滤　　　　　　　　　　　(b) 图像分割

(c) 基本边缘检测　　　　　　　　　(d) 去除不相关边缘

图 6.7　潜供电弧图像处理

6,图像处理时间延长,耗时 832ms(2.40GHz,Intel Core i5-4 258U 处理器)。

6.1.4　潜供电弧图像特征参数识别

边缘检测技术可有效识别弧根与弧柱的不规则运动行为,并对潜供电弧尺寸进行精确估计。

1. 不规则运动识别

阴极是发射电子的来源,多个阴极弧根可以在短时间内并存,如图 6.8 所示。

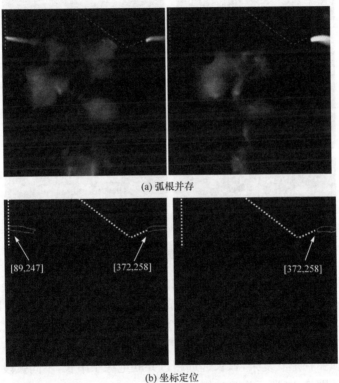

(a) 弧根并存

(b) 坐标定位

图 6.8　阴极弧根并存及坐标定位

潜供电弧阴极弧根大致呈轴对称分布,且随着潜供电流的增大,弧根变长。在本章实验中,两电弧阴极点的半径分别为 13.30mm 和 13.56mm。弧根并存过程不稳定,且共存时间具有随机性,但都小于 4ms。实验结果表明,两弧根位置非常接近,易多产生于强电流情况下。

潜供电弧阳极弧根不能发射正离子,主要接收从阴极弧根发射过来的电子。当电流过零时,弧根极性反转。通常,阳极弧根较稳定,但偶尔呈跳跃式运动。

图 6.9 为通过边缘检测追踪的某阳极弧根跳跃的详细位置。

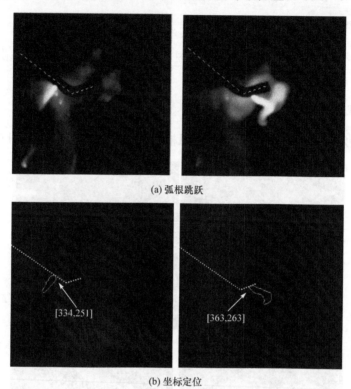

(a) 弧根跳跃

[334,251]　　　　　　　　[363,263]

(b) 坐标定位

图 6.9　阳极弧根跳跃及坐标定位

　　潜供电弧燃烧时,当弧柱和电极之间的距离非常近时,会发生击穿并形成新的阳极弧根,新的阳极弧根进一步发展,形成跳跃式运动。本实验中,在跳跃式运动之前弧柱与电极之间的距离大约是 30.10mm。由于时间间隔为 4ms,新弧根发生跳跃运动的速度至少是 7.53m/s。

　　潜供电弧弧柱形状复杂,弧长远远超过并联绝缘子串长,不同弧段之间常常发生短接现象。图 6.10 所示为弧柱短路的案例。

　　如图 6.10 所示,两个不同弧段在运动靠近时会发生短接,此短接弧柱在 $t=$ 0.188s,坐标[368,250]处形成回路。随着电弧不断发展,原弧柱逐渐消失,新产生的弧柱占据主导地位。由于电弧长度及电弧电阻的不断减小,电弧电压略有下降。这表明弧长越长,弧柱短接的概率越大。

　　2. 潜供电弧尺寸估计

　　潜供电弧半径影响电弧的散热和运动。通过图像处理,可以确定潜供电弧图像边缘坐标。假设$[x_{i1},y_{j1}]$和$[x_{i2},y_{j2}]$是边缘点的坐标,潜供电弧半径 r 如

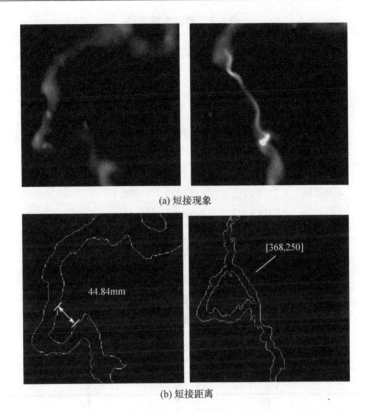

(a) 短接现象

(b) 短接距离

图 6.10　弧柱短接

式(6-12)所示：

$$r=\frac{\varepsilon\sqrt{(x_{i\_1}-x_{i\_2})^2+(y_{j\_1}-y_{j\_2})^2}}{2} \tag{6-12}$$

其中,ε 为每个像素侧的长度。表 6.1 列出了潜供电流为 30A 和 45A 时的边缘点。可知,潜供电弧半径与电弧运动密切相关。由于弧柱各个部分所受风力程度不同,扩散到周围环境中的离子含量不相等,导致沿弧半径不均匀,其中,阴极弧根半径相对较大。利用曲线拟合可推出电弧的平均半径,即

$$r=kI^a \tag{6-13}$$

其中,k 与 α 为常数,分别为 2.21 与 0.47。由表 6.1 易知,随着电流的增大,电离加剧,空气中等离子体密度增强,电子能量变大,潜供电弧半径随之变大。与封闭区域中的开关电弧不同,潜供电弧由于处在开放环境中,基本不受气体压力影响,电弧半径相对较大。实际上,考虑电弧半径的影响,可对潜供电弧截面积、电压降和移动速度等做进一步的分析探讨。

表 6.1　潜供电弧半径

电流/A	弧体	边缘坐标 1	边缘坐标 2	电弧半径/mm	平均值/mm	方差
30	阴极弧根	[417 230]	[429 230]	13.56	10.87	3.91
		[431 194]	[448 194]	19.21		
		[379 326]	[386 326]	7.91		
	弧柱	[426 486]	[434 486]	9.04		
		[457 529]	[466 529]	10.17		
		[487 705]	[493 705]	6.78		
	阳极弧根	[463 747]	[472 747]	10.17		
		[421 832]	[430 832]	10.17		
45	阴极弧根	[415 220]	[428 220]	14.69	13.14	2.96
		[411 151]	[428 151]	19.21		
		[294 213]	[305 213]	12.43		
	弧柱	[244 295]	[257 295]	14.69		
		[433 458]	[433 448]	11.30		
		[467 632]	[477 632]	11.30		
	阳极弧根	[430 667]	[440 667]	11.30		
		[427 807]	[436 807]	10.17		

　　弧长是潜供电弧熄灭的重要判据之一。以往的研究大多通过视觉来判断电弧长度[30]。本章提出的方法能够对潜供电弧长度进行精确的计算。

　　边缘检测之后,图像像素点数值分别为 0 和 1。其中 0 为背景,1 为电弧边缘。电弧长度约等于边缘总长度的一半,其数学表达式为

$$\begin{cases} N = \sum_{i=1}^{m} \sum_{j=1}^{n} f(i,j) \\ l \approx \dfrac{\varepsilon N}{2} \end{cases} \tag{6-14}$$

表 6.2 给出了潜供电弧长度的变化趋势($I=30\text{A}$)。

表 6.2　潜供电弧长度

阶段	时刻 t/s	过零点数量	逻辑值 1 的数目	弧长/cm
燃弧起始	0.00	800 197	2 619	148
	0.02	800 144	2 972	151
	0.04	799 948	2 868	162
	0.06	799 630	3 186	180

续表

阶段	时刻 t/s	过零点数量	逻辑值 1 的数目	弧长/cm
	0.08	799 594	3 222	182
	0.10	799 647	3 169	179
	0.12	799 789	3 027	171
	0.14	799 293	3 523	199
	0.16	798 992	3 824	216
	0.18	798 262	4 554	230
电弧熄灭	0.196	796 994	5 822	294

潜供电弧运动过程中,弧长时刻发生变化。通过曲线拟合,表示为

$$l(t)/l_0 = \begin{cases} 2.61 + 1.02, & t < 0.10\text{s} \\ 0.016e^{20.2t} + 1.05, & t \geqslant 0.10\text{s} \end{cases} \tag{6-15}$$

其中,l_0 为初始弧长。潜供电弧发展过程大致可以分为两个阶段:阶段一($t < 0.10$s),弧柱相对稳定,电弧轴线平行于绝缘子串的中心轴,弧柱线性位移,弧长与电弧运动时间呈线性关系。阶段二,弧柱被分成多个串联段。运动速度大大加快,且各段运动方向随机。此时,电弧长度呈指数增长,弧长不断被拉长且在熄弧时刻达到最大值,最大值约为初始值的两倍。随着弧长的不断拉长,潜供电弧产生更多热量,生成更多自由电子,这些电子与冷中性粒子发生碰撞,并且与之结合,进而加速电离过程,最终促使潜供电弧熄灭。

6.2　潜供电弧三维重构

当前三维重构方法主要包括基于结构光的三维重构和基于图片的三维重构[108]。其中,基于结构光的三维重构一般指立体光学三维重构方法。为了弥补光度成形法中单张照片提供信息不足的缺陷,立体光学法采用一个相机拍摄多张照片,这些照片的拍摄角度是相同的,其中的差别是光线的照明条件。因为基于结构光的拍摄方法对光照条件要求高,并且对设备的要求苛刻,而潜供电弧运动极快,且每次拍摄时环境的光照条件可能各不相同,该方法并不适用于电弧的三维重构。基于图片的三维重构方法包括单目立体视觉法、双目立体视觉法和多目立体视觉法。单目立体视觉使用一台摄像机进行三维重构,其使用的图像可以是单视点的单幅或多幅图像,也可以是多视点的多幅图像。单目立体视觉对光源和光线条件要求很高,光源情况的变化会带来很大的误差,而多目立体视觉造价昂贵,因此本章采用双目立体视觉法。

6.2.1　双目立体视觉重构原理

双目立体视觉(binocular stereo vision)是机器视觉的一种重要形式,它是基

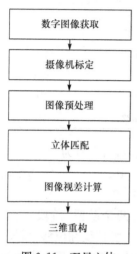

图 6.11　双目立体
视觉三维重构流程

于视差原理并利用成像设备从不同的位置获取被测物体的两幅图像,通过计算图像对应点间的位置偏差,来获取物体三维几何信息的方法[109,110]。进行双目视觉处理前,首先要对摄像机进行内外参数的标定,其次对获取的图像进行立体匹配,计算出两幅图像之间的视差,最后根据获得的视差图进行三维点云的重构,获得物体三维几何信息。典型的双目立体视觉三维重构流程如图 6.11 所示。

1. 图像获取

立体图像的获取是立体视觉的基础,图像获取的方式很多,选用哪种方式主要取决于应用的场合和目的,另外还要考虑视点差异、光照条件、摄像机性能以及景物特点等因素的影响,以利于立体计算[111]。

2. 摄像机标定

摄像机标定是双目立体视觉中的关键步骤,最终重构结果与摄像机能否精确标定密切相关。摄像机是三维空间和二维图像之间的一种映射,其中两空间之间的相互关系是由摄像机的几何模型决定的,即通常所称的摄像机参数,是表征摄像机映射的具体性质的矩阵,求解这些参数的过程称为摄像机标定[112-114]。

摄像机标定方法多种多样,可根据不同的方法对其分类。根据是否需要标定物可分为传统的摄像机标定方法和摄像机自标定方法。

传统的摄像机标定方法在定标时,需要在摄像机前放置一个特定的标定物,并人为地提供一组已知坐标的标定基元,摄像机通过寻找已知的标定基元来实现摄像机的定标。其优点是标定精度高,缺点是标定过程复杂,不够灵活。

摄像机自标定法非常灵活,不需要特定的标定物来实现定标,对环境有很强的适应性,它是目前标定技术研究的热点和难点。它利用环境的刚体性,通过对比多幅图像中的对应点来计算摄像机模型[115]。但就目前的研究来看,其定标精度还无法与传统定标技术相比。

一个有效的摄像机模型,除了能够精确地恢复出空间景物的三维信息外,还有利于解决立体匹配问题。

3. 立体匹配

在立体视觉中,图像匹配是指将三维空间中的某点与左右摄像机的成像面上的像点对应起来。图像匹配是立体视觉中最重要也是最困难的问题,其一直是立体视觉研究的焦点。由于匹配的不确定性,立体匹配问题始终没有找到统一的解决方式,对此许多研究人员进行了大量研究,基于匹配基元的不同,立体匹配算法可以分为基于局部的约束算法和基于全局的约束算法[116-120]。图 6.12 给出了立体匹配算法的分类。在实际应用中,根据不同的环境情况,选择适当的立体匹配算法进行匹配求解。

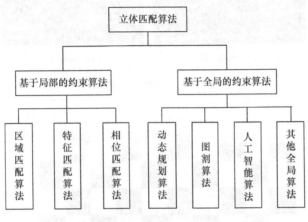

图 6.12　立体匹配算法分类

4. 潜供电弧三维成像与验证

在得到空间任一点在两个图像中的对应坐标和两摄像机参数矩阵的条件下,即可进行空间点的重构,通过建立以该点的世界坐标为未知数的 4 个线性方程,可以用最小二乘法求解得到该点的世界坐标[121]。重构方法主要分为两种:①通过计算出的极线方程,对图像上沿极线的像素点进行匹配;②使用图像校正方法,大大提高了匹配速度,并在匹配过程中进行三角剖分。

6.2.2　三维重构流程

采用两台平行布置的摄像机对电弧图像进行拍摄,将获得的图像序列进行同步提取,如图 6.13 所示。

采用棋盘格标定板对摄像机进行标定,如图 6.14 所示。

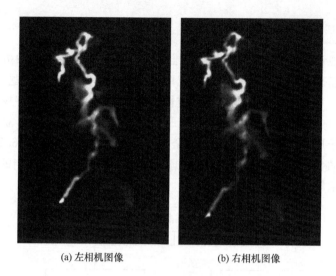

(a) 左相机图像　　　　　　　　(b) 右相机图像

图 6.13　电弧运动图像

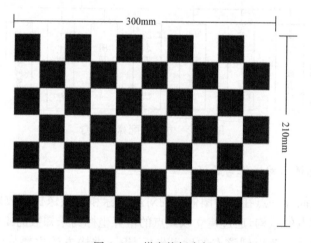

图 6.14　棋盘格标定板

棋盘平面大小为 300mm×210mm,棋盘格大小为 30mm×30mm。在实际中, 可采用两种方法进行拍摄:①摄像机保持不动,改变标定板的位置进行拍摄;②标定板不动,改变摄像机的位置从不同角度进行拍摄。在本次实验中,采用方法 1 进行拍摄,获得多组图像对,一般为 10~15 组,如图 6.15 所示,拍摄过程中棋盘格颜色要与周围环境有明显色差,以保证能精确提取角点。对得到的图像进行角点提取,并进行分析计算,可得到摄像机的内外参数。表 6.3 给出了左右摄像机内外参数矩阵,其中 K 为摄像机内部参数矩阵,R 为相机旋转矩阵,T 为相机平移矩阵。

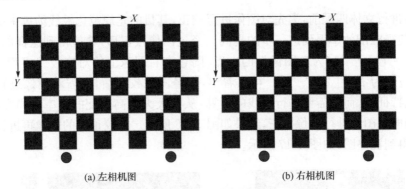

(a) 左相机图　　　　　　　　　　　　　　(b) 右相机图

图 6.15　标定板图像

表 6.3　摄像机参数

参数	左相机	右相机
K	$\begin{bmatrix} 1042.9 & 0 & 0 \\ 0 & 1042.7 & 0 \\ 640.5 & 478.9 & 1 \end{bmatrix}$	$\begin{bmatrix} 1038.3 & 0 & 0 \\ 0 & 1038.3 & 0 \\ 656.6 & 485.6 & 1 \end{bmatrix}$
R	$\begin{bmatrix} -0.362 & 0.184 \end{bmatrix}$	$\begin{bmatrix} -0.361 & 0.182 \end{bmatrix}$
T	$\begin{bmatrix} 0 & 0 \end{bmatrix}$	$\begin{bmatrix} 0 & 0 \end{bmatrix}$

由表 6.3 可以看出,对同一型号的两个相机进行标定,标定结果虽略有差别,但误差极小,控制在 1% 之内,表明标定结果准确可靠。表 6.4 给出了右相机相对于左相机的旋转矩阵 R_r 和平移矩阵 T_r,以及摄像系统的基础矩阵 F 和本质矩阵 E。因为左右两幅图像对应点之间的关系可用本质矩阵或基础矩阵来表示,所以在获得相机系统的本质矩阵和基础矩阵后,即可通过合理的算法获得左右相机对应点的坐标。

表 6.4　摄像机系统参数

参数	摄像系统
R_r	$\begin{bmatrix} 1.0 & 0.00014 & 0.0056 \\ -0.00016 & 1.0 & 0.0039 \\ -0.0056 & -0.0039 & 1.0 \end{bmatrix}$
T_r	$\begin{bmatrix} 119.848 & 0.383 & 0.452 \end{bmatrix}$
F	$\begin{bmatrix} -1.919\times10^{-9} & 2.019\times10^{-7} & 2.542\times10^{-4} \\ 4.159\times10^{-7} & 4.336\times10^{-7} & -0.115 \\ -5.684\times10^{-4} & 0.115 & -0.237 \end{bmatrix}$
E	$\begin{bmatrix} -0.002 & 0.219 & 0.366 \\ 0.450 & 0.4699 & -119.847 \\ -0.385 & 119.848 & 0.467 \end{bmatrix}$

　　在进行立体匹配前,需先对图像进行校正,其目的是规范化极线约束中的极线分布,使得匹配效率得到进一步的提高。经过图像校正后,希望得到这样的结果:设点 $p_1=[x_1 y_1 \quad 1]$ 为左图像上的一点,则它在右图像上的对应极线方程为 $y=y_1$,对应点为 $p_2=[x_2 y_2 \quad 1]$。可以看出,在经图像校正后,只需对图像进行扫描来匹配特征点,而不需要进行极线的计算,从而大大提高匹配的效率。同样,对采集到的电弧图像进行图像校正,结果如图 6.16 所示。将校正后的图像再进行立体匹配,得到视差图,如图 6.17 所示。

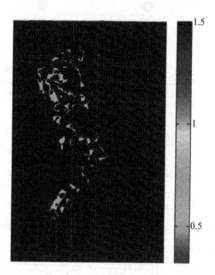

图 6.16　校正后的电弧图像　　　　　　图 6.17　视差图

　　在获得摄像机内外参数矩阵和图像视差图后,即可进行三维重构。本章采用内插值的方法,实现将非结构化的点云形成稳定的多边形模型。进而将二维图像的灰度或色彩信息映射到曲面上,再辅以光照和材质处理,形成三维重构结果,如图 6.18 所示。可以看出,电弧图像的三维重构结果与电弧的实际运动轨迹符合程度较高,电弧上下弧根间距为 0.70m,与实际情况的 0.68m 较为接近,表明三维重构结果有效可靠。

　　在上述三维运动图像的基础上,对电弧进一步分析处理,可获得不同潜供电流下弧长随时间的变化关系。图 6.19 给出了电流为 30A 时,潜供电弧长度随时间的变化规律。

　　由图 6.19 可知,二者基本趋势一致。尽管连接绝缘子串的导线水平布置,但引弧过程中带来一定的误差,电弧在三维空间中运动使得电弧真实长度(即三维弧长)始终大于二维长度。

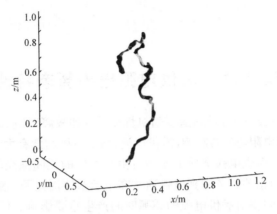

图 6.18　潜供电弧图像三维重构结果

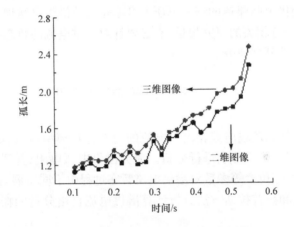

图 6.19　潜供电弧长度随时间变化规律

6.3　本章小结

（1）为克服传统边缘检测算法造成的不连续和虚假边缘问题,提出了一种改进算法,可去除不相关的碎片边缘并形成连续的轮廓。通过边缘检测,捕捉了阳极弧根跳跃位置和速度、阴极弧根并存的时间、弧柱短接长度等不规则运动参数。通过对潜供电弧半径、长度以及面积进行定量分析,运用曲线拟合技术分析了潜供电弧长度的变化。

（2）建立了双目立体视觉系统的潜供电弧图像采集系统,采用自制的棋盘格标定板对摄像机系统进行标定,获得两台摄像机各自的参数、右相机相对于左相机的参数和摄像系统的基本参数矩阵。对潜供电弧图像进行了三维重构,获得了电弧的三维立体图像,通过对比分析,验证了方法的有效性。

第 7 章　潜供电弧电磁暂态特性

潜供电弧发展过程中,受到诸多随机性变量（如故障时刻、跳闸时刻、短路电弧电阻、潜供电弧电阻等）的影响,潜供电流、恢复电压均含有大量高频分量,其暂态特性较为复杂。潜供电弧本质上属于自由空气中的长间隙交流电弧,其燃弧时间与电流特性密切相关。考虑到电弧通常在电流过零时熄弧,潜供电流的暂态过程,特别是过零时间将对潜供电弧的燃弧时间产生重要影响。已有的大量长间隙电弧实验结果表明,电弧零休阶段是影响电弧熄灭与重燃的关键阶段,潜供电弧亦然。零休阶段潜供电弧弧道的恢复电压上升率是反映潜供电弧熄灭重燃的重要参数,国内外至今鲜有相关的研究报道,有必要针对潜供电流的暂态特性和零休阶段弧道恢复电压特性开展研究。

7.1　潜供电流暂态特性

本节建立了特高压输电线路潜供电流的暂态计算模型,根据电流的不同暂态特性,将其分为三个阶段分别进行分析。研究潜供电弧电阻、并联电抗器补偿度、中性点小电抗、故障位置等参数对潜供电流暂态过程中不同发展阶段的影响,并基于等效电路变换和拉普拉斯方法分析计算潜供电流自由分量的振荡频率、衰减系数等。

7.1.1　潜供电流暂态计算模型

超/特高压输电线路等效电路模型如图 7.1 所示。

输电线路正常运行时,C_m、C_0 两侧的电压以及 L_x、L_y、L_0、L_1 中的电流周期性变化,系统保持稳定。输电线路发生单相接地故障时,故障相两侧断路器跳闸,潜供电流起始。潜供电流由两部分组成,即稳态分量与自由分量,本节进行如下定义:

$$\begin{cases} i(t) = i_1(t) + i_2(t) \\ i_1(t) = I\cos(\omega t + \varphi) \\ i_2(t) = \sum_{i=1}^{n} a_i e^{s_i t} \\ s_i = \delta_i + j\omega_i \end{cases} \tag{7-1}$$

其中,$i(t)$ 为潜供电流的全电流,$i_1(t)$ 为潜供电流的稳态分量,$i_2(t)$ 为潜供电流的

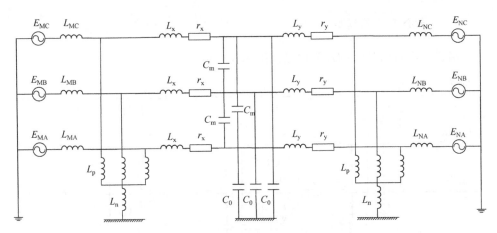

图 7.1 超/特高压输电线路等效电路模型

自由分量;I 为稳态分量的幅值,ω 为稳态分量的角频率,φ 为稳态分量的初相角;n 为自由分量的阶数,a_i 为各自由分量的系数,δ_i 为各自由分量的衰减系数,ω_i 为各自由分量的振荡角频率。

1. 稳态分量计算模型

潜供电流稳态分量的计算模型如图 7.2 所示。

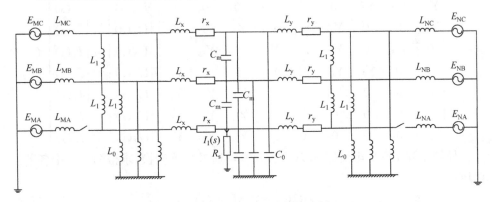

图 7.2 潜供电流稳态分量复频域计算模型

图 7.2 中,R_s 为潜供电弧电阻,$E_{MA}(s)$、$E_{MB}(s)$、$E_{MC}(s)$、$E_{NA}(s)$、$E_{NB}(s)$、$E_{NC}(s)$ 为系统等值电源,$I_1(s)$ 为潜供电流的稳态分量,其近似表达式如下所示:

$$I_1(s) \approx E_{MA}(s)\left(sC_m + \frac{2}{sL_1}\right) \tag{7-2}$$

潜供电流的稳态主要由输电线路电压等级、相间电容、相间电抗确定,与潜供电弧电阻、故障点位置关系较小。

2. 自由分量计算模型

潜供电流自由分量的计算模型如图 7.3 所示[122]。

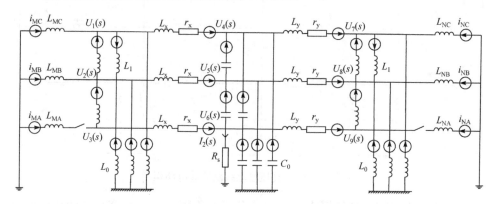

图 7.3　潜供电流自由分量复频域计算模型

图 7.3 中，$I_2(s)$ 为潜供电流的自由分量。设 $t=t_0$ 时，输电线路两端断路器跳闸，图 7.3 中各节点电压、电流满足如下方程[123]：

$$
\begin{bmatrix}
Y_{11} & Y_{12} & Y_{13} & Y_{14} & 0 & 0 & 0 & 0 & 0 \\
Y_{21} & Y_{22} & Y_{23} & 0 & Y_{25} & 0 & 0 & 0 & 0 \\
Y_{31} & Y_{32} & Y_{33} & 0 & 0 & Y_{36} & 0 & 0 & 0 \\
Y_{41} & 0 & 0 & Y_{44} & Y_{45} & Y_{46} & Y_{47} & 0 & 0 \\
0 & Y_{52} & 0 & Y_{54} & Y_{55} & Y_{56} & 0 & Y_{58} & 0 \\
0 & 0 & Y_{63} & Y_{64} & Y_{65} & Y_{66} & 0 & 0 & Y_{69} \\
0 & 0 & 0 & Y_{74} & 0 & 0 & Y_{77} & Y_{78} & Y_{79} \\
0 & 0 & 0 & 0 & Y_{85} & 0 & Y_{87} & Y_{88} & Y_{89} \\
0 & 0 & 0 & 0 & 0 & Y_{96} & Y_{97} & Y_{98} & Y_{99}
\end{bmatrix}
\begin{bmatrix}
U_1(s) \\ U_2(s) \\ U_3(s) \\ U_4(s) \\ U_5(s) \\ U_6(s) \\ U_7(s) \\ U_8(s) \\ U_9(s)
\end{bmatrix}
=
\begin{bmatrix}
I_1(s) \\ I_2(s) \\ I_3(s) \\ I_4(s) \\ I_5(s) \\ I_6(s) \\ I_7(s) \\ I_8(s) \\ I_9(s)
\end{bmatrix}
\tag{7-3}
$$

导纳矩阵 $Y(s)$、电流矩阵 $I(s)$ 各元素可通过矩阵变换，求得图 7.3 中各节点电压：

$$
U(s) = Y^{-1}(s) I(s) \tag{7-4}
$$

潜供电流自由分量 $I_2(s)$ 的表达式为

$$
I_2(s) = \frac{U_6(s)}{R_s} \tag{7-5}
$$

故障相两端断路器跳闸后，储存在相间电容、相对地电容、相间电抗、相对地电抗、线路电感等元件中的能量通过潜供电弧电阻与大地构成回路，形成潜供电流的自由分量。潜供电流自由分量的系数主要由断路器开断时刻各储能元件的初始状态确定。潜供电流自由分量的衰减系数与振荡频率由输电线路的结构参数,如输电线路相间电容、并联电抗器高抗、中性点小电抗、故障点位置等确定。自由分量不停衰减,直至达到稳定状态。

7.1.2　潜供电流暂态过程

本节在 EMTP 中建立了特高压输电线路仿真计算模型。输电线路两侧安装并联电抗器,其补偿度为 90%,中性点小电抗全补偿输电线路相间电容。设 $t =$ 0.4s 时输电线路中点发生单相接地故障,$t = 0.46$s 时线路两端断路器跳闸,短路电弧熄灭,潜供电弧起始。单相接地故障期间,潜供电流波形如图 7.4 所示($R_s =$ 10Ω)。

图 7.4 中,$t_0 = 0.46$s、$t_1 = 0.53$s、$t_2 = 1.31$s、$t_3 = 1.50$s、$\Delta t_1 = 0.07$s、$\Delta t_2 =$ 0.78s、$\Delta t_3 = 0.19$s。根据潜供电流暂态过程的不同特点,本节将潜供电流的发展过程分为三个阶段,分别如下。

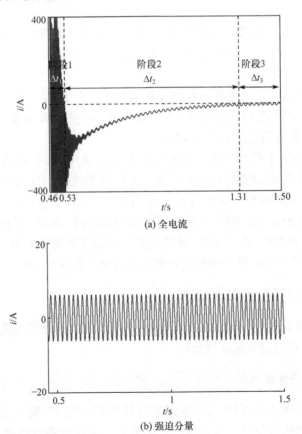

(a) 全电流

(b) 强迫分量

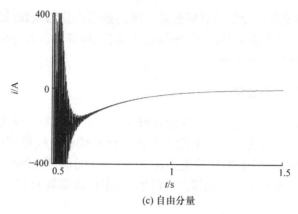

(c) 自由分量

图 7.4　潜供电流全电流及分量波形

　　阶段 1：$t_0 \sim t_1$。潜供电流快速振荡阶段。潜供电流的自由分量中含有比重较大的高频分量，其快速振荡，迅速衰减，潜供电流暂态幅值最大为 120A，$t_0 \sim t_1$ 时间间隔 Δt_1 为 0.07s。

　　阶段 2：$t_1 \sim t_2$。潜供电流缓慢衰减阶段。潜供电流高频分量已基本衰减完毕，电流中有一比重较大的直流分量，衰减缓慢，潜供电流在 t_2 时刻再次通过零点，$t_1 \sim t_2$ 时间间隔 Δt_2 为 0.78s。

　　阶段 3：$t_2 \sim t_3$。潜供电流的自由分量基本衰减完毕，以稳态分量为主，其幅值主要取决于输电线路结构及并联电抗器参数，潜供电弧电阻对其影响较小。图 7.4 中，潜供电流的稳态值为 4.4A。

　　潜供电弧本质上属于自由空气中的长间隙交流电弧，电流通常过零时熄弧。潜供电流过零特性对燃弧特性影响显著。为提高系统稳定性与供电可靠性，常规超/特高压输电线路单相自动重合闸时间约为 1.0s，其中包括了继电保护动作时间、断路器机械分闸及合闸时间、断路器电弧燃弧时间、潜供电弧熄弧时间、潜供电弧弧道去游离时间等。图 7.4 中，潜供电流在阶段 2 中缓慢衰减，电流不过零，其持续时间已达到 0.78s，将对单相重合闸的成功率产生重要影响。

7.1.3　潜供电流暂态过程影响因素

　　潜供电流暂态过程受到诸多因素影响，本节针对不同潜供电弧电阻、并联补偿度、中性点小电抗过程分别进行分析。

　　1. 不同潜供电弧电阻

　　由图 7.5 和图 7.6 可知，潜供电弧电阻对潜供电流的强制分量基本没有影响，对潜供电流的自由分量及其暂态过程影响显著。潜供电弧电阻越大，潜供电流各自由分量衰减越快，阶段 2 的持续时间越短，潜供电流快速进入稳定状态。图 7.6

中,当 $R_s = 10\Omega$ 时,阶段 2 的持续时间为 0.78s;当 $R_s = 200\Omega$ 时,阶段 2 的持续时间为 0.12s。

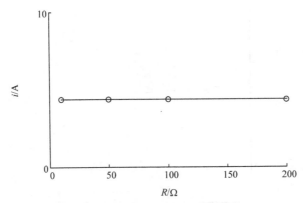

图 7.5　不同弧阻下潜供电流强制分量

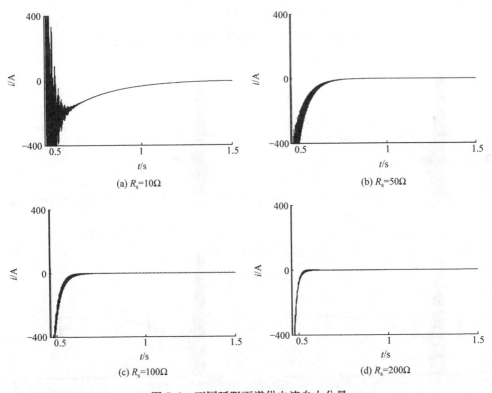

图 7.6　不同弧阻下潜供电流自由分量

2. 并联补偿度

由图 7.7 和图 7.8 可知,随着并联电抗器补偿度的增大,潜供电流强制分量不断减小,自由分量衰减速度加快,阶段 2 的持续时间缩短。图 7.8 中,当 $T=60\%$ 时,阶段 2 的持续时间为 0.71s;当 $T=90\%$ 时,阶段 2 的持续时间为 0.78s。

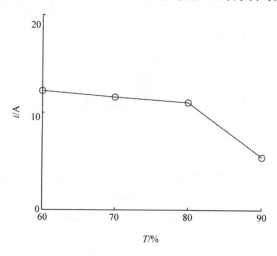

图 7.7　不同并联补偿度下潜供电流强制分量

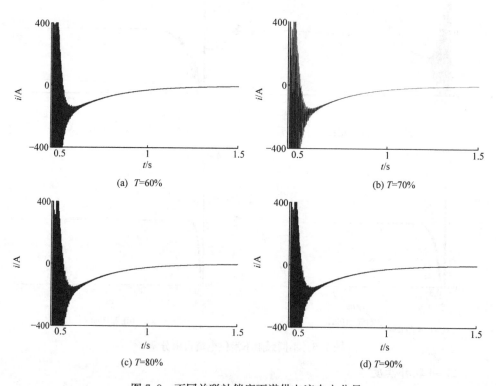

(a)　$T=60\%$

(b)　$T=70\%$

(c) $T=80\%$

(d) $T=90\%$

图 7.8　不同并联补偿度下潜供电流自由分量

3. 中性点小电抗

图 7.9 中，当 $L_n = 1390\text{mH}$ 时，中性点小电抗的取值全补偿输电线路相间电容，此时潜供电流稳态分量有最小值。当中性点小电抗偏离该值时，对应潜供电流强制分量增大，尽管如此，此时阶段 2 的持续时间缩短，潜供电流提前过零。

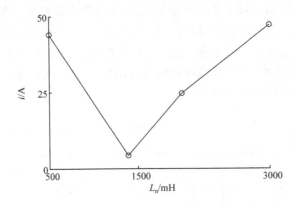

图 7.9　不同中性点小电抗下潜供电流强制分量

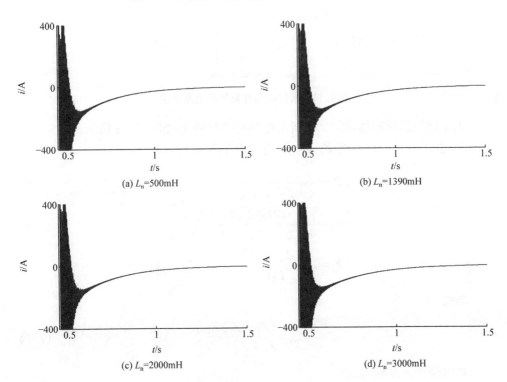

图 7.10　不同中性点小电抗下潜供电流自由分量

图 7.10 中,当 L_n＝1390mH 时,阶段 2 的持续时间为 0.78s,潜供电流稳态分量为 4.2A;当 L_n＝3000mH 时,阶段 2 的持续时间为 0.24s,潜供电流稳态分量为 47.2A。

7.1.4　自由分量的衰减与振荡特性

　　潜供电流的暂态过程由其自由分量决定,该分量主要取决于潜供电弧电阻值。为阐述潜供电流自由分量的衰减特性,本节以图 7.11 所示回路为模型进行分析。潜供电流自由分量特征主要表现为衰减与振荡特性。不考虑输电线路的电感和电阻,通过拉普拉斯变换,求得故障点处的等效阻抗,进而获取不同条件下潜供电流自由分量的衰减系数与振荡频率。

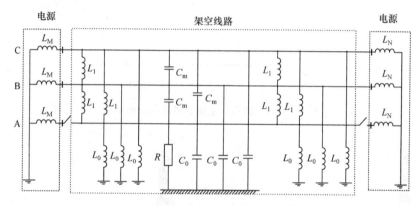

图 7.11　潜供电弧计算简化电路模型

由于回路的对称性,图 7.11 所示电路可进行简化,如图 7.12 所示。
通过拉普拉斯变换,将 Z_1、Z_2 和 Z_3 转化到复频域,即

$$\begin{cases} Z_1=\dfrac{sL_1}{4+2s^2L_1C_m} \\[2mm] Z_2=\dfrac{s(2L_M+2L_N+L_0)}{4+2s^2(2L_M+2L_N+L_0)C_0} \\[2mm] Z_3=\dfrac{sL_0}{2+s^2L_0C_0} \end{cases} \tag{7-6}$$

易知

$$Z_{eq}=\frac{(Z_1+Z_2)Z_3}{Z_1+Z_2+Z_3} \tag{7-7}$$

该电路特征方程为

$$R+Z_{eq}=0 \tag{7-8}$$

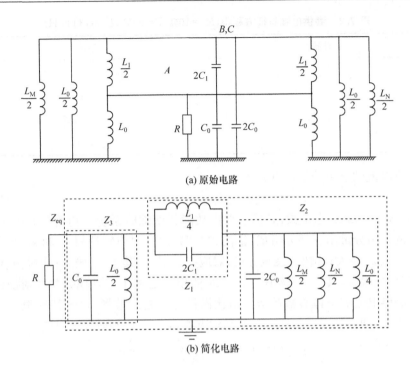

(a) 原始电路

(b) 简化电路

图 7.12 潜供电弧电路模型简化过程

式(7-8)可以表述为

$$a_4 s^4 + a_3 s^3 + a_2 s^2 + a_1 s + a_0 = 0 \qquad (7\text{-}9)$$

其中，a_0、a_1、a_2、a_3 和 a_4 为常数。将特高压线路参数代入方程(7-9)中，获得归一化的特征方程系数，如表7.1所示。

表 7.1 特征方程系数

系数	数值
a_0	1
a_1	133
a_2	135
a_3	110
a_4	123

上述方程为四阶多项式，其含有四个特征根，如表7.2所示。

表 7.2　潜供电弧特征方程根（$R_s=10\Omega,T=90\%,L_n=1390\mathrm{mH}$）

特征根	数值
s_1	$-50.18+\mathrm{j}5299.48$
s_2	$-50.18-\mathrm{j}5299.48$
s_3	-38669.28
s_4	-3.08

潜供电流的自由分量可以表述为

$$i_n(t)=b_1\mathrm{e}^{s_1t}+b_2\mathrm{e}^{s_2t}+b_3\mathrm{e}^{s_3t}+b_4\mathrm{e}^{s_4t} \tag{7-10}$$

其中，b_1、b_2、b_3 和 b_4 为常数，其值主要由故障相切除时系统的初始状态确定。潜供电流的自由分量由三部分组成：①高频振荡分量，对应特征根 s_1 和 s_2，其中 δ_1、δ_2 较小，ω_1、ω_2 较大；②快速衰减分量，对应特征根 s_1，其中 ω_3 极大；③缓慢衰减分量，对应特征根 s_4，其中 δ_4 极小。由于 δ_4 的模值远远小于其他分量的对应值，其决定了潜供电流的整体衰减趋势。对比潜供电流暂态波形，可知特征根 s_1、s_2、s_3 及其对应项主要与阶段 1 对应，s_4 及其对应项 $b_4\mathrm{e}^{s_4t}$ 主要与阶段 2 对应。

不同条件下潜供电流自由分量的衰减系数和振荡频率如表 7.3～表 7.5 所示。

表 7.3　潜供电弧特征方程根（$R_s=200\Omega$）

特征根	数值
s_1	$-115.29+\mathrm{j}5627.06$
s_2	$-115.29+\mathrm{j}5627.06$
s_3	-1694.04
s_4	-64.01

表 7.4　潜供电弧特征方程根（$T=60\%$）

特征根	数值
s_1	$-50.13+\mathrm{j}5294.99$
s_2	$-50.13-\mathrm{j}5294.99$
s_3	-39670.51
s_4	-1.95

表 7.5 潜供电弧特征方程根($L_n = 3000\mathrm{mH}$)

特征根	数值
s_1	$-50.02 + \mathrm{j}5297.55$
s_2	$-50.18 - \mathrm{j}5297.55$
s_3	-39669.84
s_4	-2.85

表 7.3 给出了潜供电弧电阻为 200Ω 时的特征根。通过对比表 7.2 可知,随着潜供电弧电阻的增大,s_1、s_2 和 s_4 的衰减系数快速增加,电阻越大越有利于自由分量的衰减。特别是 s_4 的衰减系数与潜供电弧电阻近似呈线性增加,潜供电弧电阻比值(200Ω/10Ω)与衰减系数比值($-64.01/-3.08$)几乎相等,潜供电流自由分量与电弧电阻密切相关。

表 7.4、表 7.5 对应并联补偿度为 60%,中性点小电抗为 3000mH。通过对比表 7.2 可知,随着并联补偿度和中性点小电抗的变化,s_1、s_2 和 s_3 几乎保持不变。当并联补偿度由 90% 降为 60% 时,s_4 略微减少。分析表明,上述参数对自由分量的衰减系数和振荡频率影响较小,分析结果与仿真计算结果一致。

实际工程中,系统等值阻抗 L_M、L_N 远远小于 L_0,L_M、L_N 可以忽略,进一步推导可知:

$$\delta_4(t) \approx -\frac{R(2L_p + 4L_n)}{L_p(L_p + 3L_n)} \tag{7-11}$$

由于 $L_p \gg L_n$,式(7-11)可简化为

$$\delta_4(t) \approx -\frac{2R}{L_p} \tag{7-12}$$

$\delta_4(t)$ 主要与潜供电弧电阻、并联电抗器有关,与相间电容、相对地电容等参数关系较小。潜供电弧电阻对 δ_4 影响最为显著,两者近似呈正比关系,随着潜供电弧电阻的增大,δ_4 的模值不断增大,潜供电流自由分量迅速衰减,进入稳定状态,其结果与图 7.6 所示仿真计算结果相印证。

工程实际中,由于并联补偿度通常为 60%~90%,使得 L_p 在较小的范围内变化。潜供电弧电阻具有高度的非线性,其值从数欧姆至千欧姆量级,在自由分量的衰减过程中将起决定性作用。

随着并联电抗器高抗、中性点小电抗的减小,δ_4 的模值不断增大,潜供电流自由分量衰减得越快,越有利于潜供电弧电流的过零熄灭。δ_4 与并联电抗器高抗近似呈反比关系,与中性点小电抗关联度相对较小,其结果与图 7.8、图 7.10 所示仿

真计算结果相印证。

7.2　零休阶段恢复电压特性

本节针对潜供电弧弧道的恢复电压上升率进行研究计算。根据输电线路故障过程状态变化,将其分为四个阶段,分别建立对应的等效电路及其复频域计算模型,通过分析电路状态转换过程中元件的初始储能状态,研究潜供电弧零休阶段弧道恢复电压上升率的变化规律。

7.2.1　恢复电压上升率计算模型

潜供电流过零后,故障点绝缘子串两端形成恢复电压。在此过程中,各元件(包括电阻、电感、电容)电流值、电压值不断发生变化,其值主要包括强制分量与自由分量两部分。本节定义如下表达式:

$$
\begin{cases}
x(t) = x_1(t) + x_2(t) \\
x_1(t) = X\cos(\omega t + \varphi) \\
x_2(t) = \displaystyle\sum_{i=1}^{n} a_i \mathrm{e}^{s_i t}
\end{cases}
\tag{7-13}
$$

其中,$x_1(t)$为强制分量,是周期性分量,其幅值取决于输电线路的电压等级、线路参数等;$x_2(t)$为自由分量,呈指数衰减振荡。式(7-13)中,n为拉普拉斯变换下输电线路等效回路的阶数,a_i为各自由分量的系数,其值主要取决于回路中储能元件(电容、电感)的初始状态,令$s_i = \delta_i + \mathrm{j}\omega_i$,其中$\delta_i$为衰减系数,$\omega_i$为振荡频率,上述值取决于输电线路的固有参数。

定义潜供电弧恢复电压的表达形式,如式(7-14)所示:

$$
u(t) = U\cos(\omega t + \varphi) + \sum_{i=1}^{n} u_i \mathrm{e}^{s_i t}
\tag{7-14}
$$

以潜供电流过零点作为新的时间起点,令$t=0$,恢复电压迅速起始,恢复电压上升率为

$$
\left. \frac{\mathrm{d}u}{\mathrm{d}t} \right|_{t=0} = U\omega\sin\varphi_0 + \sum_{i=1}^{n} u_i s_i
\tag{7-15}
$$

零休时刻,潜供电弧恢复电压上升率主要包括两部分内容,一部分由潜供电流过零时刻的电压相位φ_0及其幅值U决定,另一部分由输电线路的固有参数及其潜供电流过零时刻回路中储能元件的初始状态决定。

7.2.2　单相接地故障电路模型

本章将单相接地故障期间输电线路的状态变化过程分为四个阶段,分别进行分析,其等效电路如下所示。

1. 正常运行

图 7.13(a)为输电线路正常运行时系统的等效模型。其中,L_x、L_y、r_x、r_y 分别为输电线路的电感与电阻。正常运行时,C_0、C_m 两侧的电压以及 L_x、L_y、L_0、L_1 中的电流进行周期性变化,输电系统保持稳定平衡运行,各元件电流、电压的自由分量为 0,通过等效变换,图 7.13(a)可转化为图 7.13(b)。

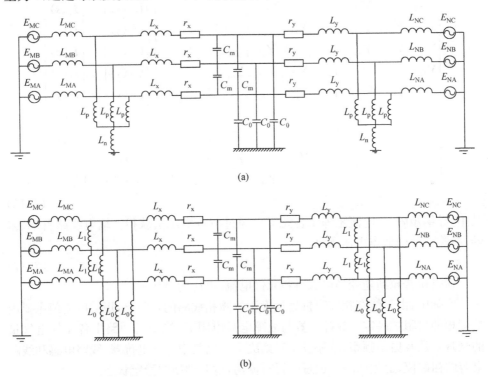

(a)

(b)

图 7.13　正常运行等效模型

2. 输电线路单相接地故障

输电线路在 t_0 时刻发生单相接地故障时,其电路模型如图 7.14 所示,其中 R_p 为短路电弧电阻,与短路电弧电流、电弧长度等因素有关。

输电线路首端、末端、故障点处的电压满足

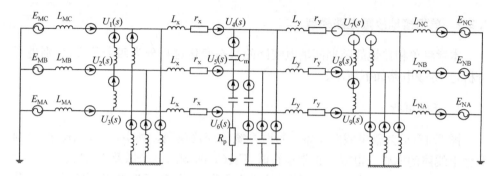

图 7.14　单相接地故障等效电路

$$\begin{bmatrix} Y_{11} & Y_{12} & Y_{13} & Y_{14} \\ Y_{21} & Y_{22} & Y_{23} & & Y_{25} \\ Y_{31} & Y_{32} & Y_{33} & & & Y_{36} \\ Y_{41} & & & Y_{44} & Y_{45} & Y_{46} & Y_{47} \\ & Y_{52} & & Y_{54} & Y_{55} & Y_{56} & & Y_{58} \\ & & Y_{63} & Y_{64} & Y_{65} & Y_{66} & & & Y_{69} \\ & & & Y_{74} & & & Y_{77} & Y_{78} & Y_{79} \\ & & & & Y_{85} & & Y_{87} & Y_{88} & Y_{89} \\ & & & & & Y_{96} & Y_{97} & Y_{98} & Y_{99} \end{bmatrix} \begin{bmatrix} U_1(s) \\ U_2(s) \\ U_3(s) \\ U_4(s) \\ U_5(s) \\ U_6(s) \\ U_7(s) \\ U_8(s) \\ U_9(s) \end{bmatrix} = \begin{bmatrix} I_1(s) \\ I_2(s) \\ I_3(s) \\ I_4(s) \\ I_5(s) \\ I_6(s) \\ I_7(s) \\ I_8(s) \\ I_9(s) \end{bmatrix}$$

$$\tag{7-16}$$

其中,导纳矩阵 Y、电流矩阵 I 各元素可通过节点电压法获得。输电线路首端、末端、故障点处的节点电压满足

$$U = Y^{-1}I \tag{7-17}$$

通过拉普拉斯逆变换可求得各元件电流、电压的时域解。

实际中,由于线路相间阻抗远远大于故障相线路的自阻抗,短路电流值主要由故障相的自阻抗决定。故障位置与故障电弧电阻 R_s 决定各回路中各元件电气量的衰减系数及振荡频率,故障发生时刻决定了电路中并联电抗器、线路电感和线路电容的初始值,上述回路经过短时暂态振荡,过渡到新的稳定状态。

3. 故障相被切除

输电线路发生故障后,断路器分闸线圈带电,2～3 个周期内,输电线路两端断路器实现分闸,故障相被切除,潜供电弧迅速起始,其等效电路如图 7.15 所示,其中 R_s 为潜供电弧电阻。

故障相被切除后,健全相通过电磁感应在故障点形成潜供电流,一定条件下,输电线路的相间阻抗决定了潜供电流强制分量的大小。故障切除后,线路中电容、

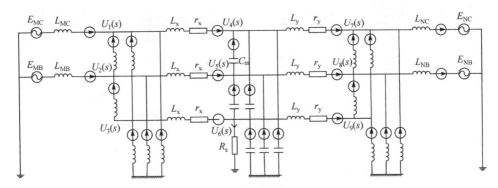

图 7.15　故障相被切除等效模型

电感通过故障点形成回路,在潜供电流中有衰减较慢的低频分量,潜供电弧电阻与故障点位置决定了潜供电流各分量的衰减系数与振荡频率。经历短时暂态过程,上述回路过渡到新的稳定状态。

输电线路各节点电压仍满足式 (7-16),导纳矩阵 Y 的部分元素值发生变化:

$$Y_{33}=\frac{1}{L_0 s}+\frac{2}{L_1 s}+\frac{1}{L_x s+r_x}, \quad Y_{66}=\frac{1}{L_x s+r_x}+\frac{1}{L_y s+r_y}+2C_m s+C_0 s+\frac{1}{R_s}, \quad Y_{99}=\frac{2}{L_1 s}+$$

$\frac{1}{L_y s+r_y}+\frac{1}{L_{s1} s}$,其余元素保持不变。电流矩阵 I 各元素对应变化为状态转换瞬时各电感电流、电容电压的初始值。故障点处的潜供电弧电流为

$$I_6(s)=\frac{U_6(s)}{R_s} \tag{7-18}$$

实际中,安装并联电抗器的输电线路,由于其相间阻抗远远大于故障点的潜供电弧电阻,潜供电弧电流值主要由输电线路的并联电抗补偿度及其中性点小电抗器的值决定,与潜供电弧电阻值的关系较小。

4. 潜供电弧熄灭

潜供电弧熄灭后,恢复电压迅速起始。不同的故障点决定了恢复电压自由分量的衰减系数与振荡频率,不同的潜供电流过零时刻决定了回路中电感、电容元件的初始储能,进而决定了潜供电弧恢复电压各自由分量的系数,恢复电压的等效计算电路如图 7.16 所示。

输电线路各节点电压仍满足式 (7-17),导纳矩阵 Y 的部分元素值发生变化,其中:$Y_{33}=\frac{1}{L_0 s}+\frac{2}{L_1 s}+\frac{1}{L_x s+r_x}, \quad Y_{66}=\frac{1}{L_x s+r_x}+\frac{1}{L_y s+r_y}+2C_m s+C_0 s, \quad Y_{99}=\frac{2}{L_1 s}+$

$\frac{1}{L_y s+r_y}+\frac{1}{L_{s1} s}$,其余元素保持不变。电流矩阵 I 各元素对应变化为状态转换瞬时

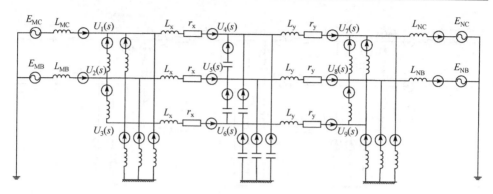

图 7.16　潜供电弧熄灭等效模型

各电感电流、电容电压的初始值。

　　实际中,在潜供电流过零时,由于输电线路并联电抗器多为欠补偿方式,相间阻抗可近似等效为纯电容,且其值远大于潜供电弧电阻,回路 3 可近似看为容性电流过零开断,此时相间电容电压初始电压有最大值,相间电感初始电流为零,输电线路对地电容初始值为零,故障相对地电感电流初始有最大值。

7.2.3　恢复电压上升率影响因素

　　采用特高压交流示范试验工程南阳至荆门段输电线路参数。线路两侧安装并联电抗器,其补偿度为 90%,中性点小电抗的取值全补偿输电线路的相间电容。设 $t_0=0.4s$ 时输电线路中点处发生单相接地短路故障,三个周期(0.06s)后线路两侧断路器跳开,短路电弧熄灭,潜供电弧起始(短路电弧电阻值、潜供电弧电阻值均设为 10Ω)。潜供电流波形如图 7.17 所示。

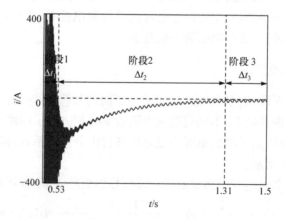

图 7.17　潜供电流波形

　　图 7.17 为断路器跳开后的潜供电流波形。可知,在潜供电弧发展前期,其电流中含有比重较大的高频分量,在此期间,潜供电流多次过零。上述高频分量衰减迅速,0.1s 后,其比重已大大减小。此后,潜供电流的直流分量衰减较慢,电流在 t_1 时刻再次通过零点。潜供电流过零时,恢复电压迅速起始,恢复电压的波形如图 7.18 所示。

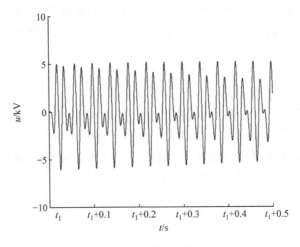

图 7.18　恢复电压波形

　　故障点的恢复电压由多个衰减的周期分量和强制分量所组成,其中以强制分量以及另一衰减较慢的低频分量为主,恢复电压可近似看为上述两个不同频率周期分量的叠加,其波形呈拍频特性。电流过零时,恢复电压缓慢增大,恢复电压上升率的值相对较小。

　　本章针对 t_1 时刻及其后期电流过零时的恢复电压上升率进行计算,不同潜供电流过零时刻恢复电压上升率(RRRV)如图 7.19 所示。

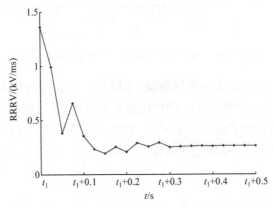

图 7.19　不同潜供电流过零时刻恢复电压上升率

　　由图 7.19 可知,随着燃弧时间的增加,恢复电压上升率不断减小。当潜供电流第一次过零时,其恢复电压上升率高达 1.44kV/ms,0.2s 后其值减小为 0.35kV/ms,此后,其值进一步减小并趋于稳定,最终稳定在 0.26kV/ms,不再变化。随着燃弧时间的增加,零休时刻介质的绝缘强度恢复速度亦不断增大,当其超过恢复电压上升率时,电弧最终熄灭。

　　潜供电弧零休时刻的恢复电压上升率受到诸多随机性变量的影响,本章通过改变相应的条件分别进行计算,分析不同因素对恢复电压上升率的影响,其结果如下所示。

1. 故障时刻

　　并联电抗器、线路电感中的电流以及线路电容中的电压都不能突变,因此故障时刻决定了上述电路模型中阶段 2(图 7.14)的初始状态,间接影响后期电弧零休时刻恢复电压上升率。图 7.20 给出了两个典型故障时刻恢复电压上升率的值。其中第一个故障时刻,故障相电压有最大值;第二个故障时刻,故障相电压为零。

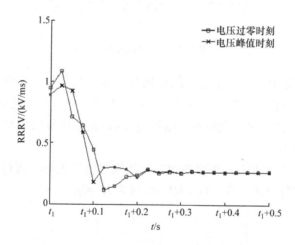

图 7.20　不同故障短路时刻下恢复电压上升率

　　由图 7.20 可知,潜供电弧发展前期,不同故障短路时间对零休时刻恢复电压上升率有一定影响,但影响较小。潜供电弧发展后期,恢复电压上升率的值均大大减小,同时趋于稳定,两者的稳定值相同,皆为 0.26kV/ms。0.4s 以后,故障时刻对恢复电压上升率几乎不再产生影响。

2. 跳闸时刻

　　跳闸时刻决定了上述电路模型中阶段 3 的初始状态,间接影响后期电弧零休时刻恢复电压上升率。图 7.21 给出了 3 个不同跳闸时刻下恢复电压上升率的值。

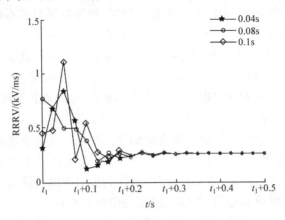

图 7.21　不同跳闸时刻下恢复电压上升率

由图 7.21 可知,当故障发生后于 0.04s、0.08s、0.1s 跳闸时,t_1 时刻对应的恢复电压上升率分别为 0.31kV/ms,0.77kV/ms、0.45kV/ms。在潜供电弧发展的前期,恢复电压上升率受跳闸时刻的影响较大;在其发展后期,恢复电压上升率逐渐趋于稳定,其值最终都稳定在 0.26kV/ms,跳闸时刻对恢复电压上升率不再产生影响。

3. 短路电弧电阻

短路电弧电阻决定了上述电路模型中阶段 3(图 7.15)各元件电流、电压自由分类的衰减系数与振荡频率。图 7.22 给出了不同短路电弧电阻下恢复电压上升率的值。

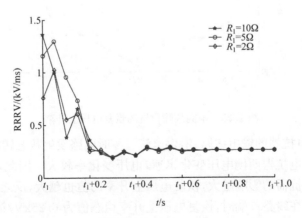

图 7.22　不同短路电弧电阻下恢复电压上升率

　　与前述两者类似,潜供电弧发展前期,恢复电压上升率受短路电弧电阻的影响较大;在其发展后期,恢复电压上升率趋于稳定,短路电弧对其不再产生影响。

　　由上所述,故障时刻、跳闸时刻、短路电弧电阻值的大小影响到电路模型 2(图 7.14)、模型 3(图 7.15)的初始状态、电气量自由分量的衰减系数等,间接影响恢复电压上升率。在潜供电弧发展的前期,电路各元件电气量的自由分量比重较大,上述 3 个随机变量对恢复电压上升率的影响较大。又由于恢复电压上升率受到多个储能元件的综合影响,实际上,在燃弧前期,恢复电压上升率的值变化不稳定,与故障时刻、跳闸时刻、短路电弧电阻值并无明显的递增或递减关系。

　　在潜供电弧发展后期,阶段 3 对应电路(图 7.15)已趋于稳定状态,各元件的自由分量已充分衰减,此时,各元件电流、电压的值主要由其强制分量决定,即取决于故障点位置、潜供电弧电阻、并联电抗器与中性点小电抗等,与阶段 3 的初始状态已无关联,恢复电压上升率的值趋于稳定。这时故障时刻、跳闸时刻、短路电弧电阻值对恢复电压上升率不再产生影响。

　　4. 故障点位置

　　不同位置发生故障时,潜供电弧熄灭后,恢复电压上升率的稳定值如图 7.23所示。

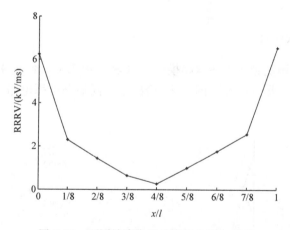

图 7.23　不同故障位置的恢复电压上升率

　　安装并联电抗器的输电线路,潜供电流过零时电路发生状态转换,但电路状态转换瞬间,并联电抗器两侧电压变化迅速,电压变化率较大。因此,故障点越靠近线路两端,受电抗器的影响越大,恢复电压上升率的值也越大,反之亦然。图 7.23中,当故障发生在线路首端时,恢复电压上升率稳态值为 6.25kV/ms,当故障发生在线路末端时,恢复电压上升率稳态值为 6.54kV/ms,当故障点位于线路中点时,对应的恢复电压上升率有最小值。

5. 潜供电弧电阻

不同潜供电弧电阻下,恢复电压上升率的稳定值如图 7.24 所示。

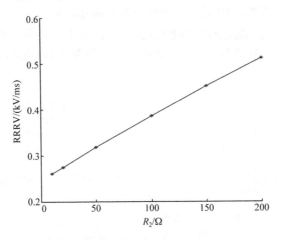

图 7.24　不同潜供电弧电阻下恢复电压上升率

安装并联电抗器的输电线路,相间阻抗远远大于潜供电弧电阻,在潜供电流过零时,故障点近似为容性电流过零开断,对应式(7-15)中 φ_0 近似为 0。随着潜供电弧电阻的增加,式 (7-15)中各自由分量的系数不断增大,使得恢复电压上升率不断增加,两者近似呈线性关系。

6. 并联电抗器和中性点小电抗

不同中性点小电抗下,恢复电压上升率的稳定值如图 7.25 所示。

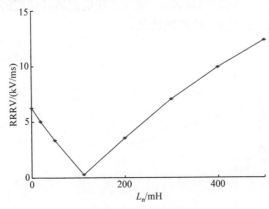

图 7.25　不同小电抗下恢复电压上升率

　　由图 7.25 可知,当并联电抗器中性点不安装小电抗(L_n＝0mH)时,其对应零休阶段恢复电压上升率较大,其稳态值可达 6.3kV/ms。一定范围内,并联电抗器中性点安装小电抗,在减小潜供电流、恢复电压的同时,亦减小了恢复电压上升率。随着小电抗取值的增加,对应的恢复电压上升率减小,当 L_n＝112mH 时,其恢复电压上升率稳态值最小,此后随着小电抗的增加,恢复电压上升率稳态值不断增大。

　　图 7.26 给出了不同小电抗下的潜供电流与恢复电压(强制分量)的值以进行比较。

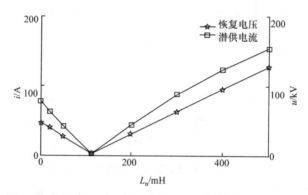

图 7.26　不同小电抗下的潜供电流与恢复电压

　　通过对比可知,当中性点小电抗的取值全补偿相间电容时,潜供电流与恢复电压有最小值,对应条件下的恢复电压上升率稳态值亦最小。

　　当输电线路并联电抗器补偿度发生变化时,恢复电压上升率的稳定值如图 7.27 所示。并联补偿度的大小会影响阶段 3(图 7.15)中的电流和沿线电压的稳态分布。当潜供电流过零时,不同沿线电流、电压所形成的不同储能分布使得恢复电压的上升率发生变化。结果表明,随着并联电抗器补偿度的增大,恢复电压上升率不断减小,两者近似呈线性递减关系。

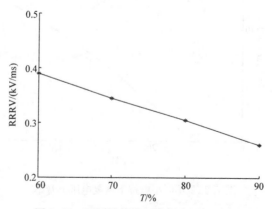

图 7.27　不同补偿度下恢复电压上升率

7.3　本　章　小　结

（1）潜供电流暂态过程可分为三个阶段：前期潜供电流快速振荡，迅速衰减；中期潜供电流有比重较大的直流分量，衰减缓慢，造成潜供电流不过零点，对熄弧产生影响；后期潜供电流自由分量衰减完毕，以稳态分量为主。加速潜供电流自由分量的衰减，可为熄弧提供有利条件。

（2）潜供电流的暂态特性与潜供电弧电阻、并联补偿度、中性点小电抗、故障位置密切有关。当潜供电弧电阻、并联补偿度、中性点小电抗增大，故障点靠近线路中点时，潜供电流的自由分量衰减得越快。基于等效阻抗网络和拉普拉斯变换方法，获得了潜供电流自由分量的振荡频率、衰减系数与系统参数的关系，从理论上阐述了潜供电流自由分量的产生机理，与电磁暂态计算结果相印证。

（3）潜供电流不同，过零时刻、恢复电压上升率不同。随着燃弧时间的延长，零休阶段恢复电压上升率整体上呈不断减小趋势，最后趋于稳定。在燃弧的前期，故障时刻、跳闸时间、短路电弧电阻等对恢复电压上升率有较大影响，在燃弧后期，上述变量对其几乎没有影响。

（4）故障点位置、潜供电弧电阻、并联电抗器与中性点小电抗值影响恢复电压上升率的稳定值。当故障点越靠近线路两端，潜供电弧电阻值越大，并联补偿度越小时，恢复电压上升率越大。并联电抗器中性点安装小电抗在减小潜供电流、恢复电压的同时，也减小了恢复电压上升率。当中性点小电抗取值全补偿线路相间电容时，潜供电流、恢复电压、恢复电压上升率同时有最小值。

第8章 潜供电弧抑制措施研究

潜供电弧抑制方法主要包括并联电抗器加中性点小电抗、快速接地开关、选择开关式并联电抗器组、串联补偿、混合式触发跳闸、线路分区或装设开关站来加速熄弧等。在此基础上,又出现了一系列的改进措施。例如,针对同塔双回输电线路,可采用不同的并联电抗器接线形式以补偿健全回路对故障相的影响[61];针对并联电抗器,可采用电磁式或磁阀式的控制方式,通过改变电抗器的取值以适应输电线路运行工况的变化,实现无功平衡和潜供电弧的可靠熄灭[65]。上述方法中,并联电抗器中性点加小电抗以及快速接地开关的应用最为广泛。尽管如此,这两种方法也存在不足之处:前者可能引发输电线路的非全相运行谐振过电压,特别对同塔多回输电线路,也会因回路间的电磁耦合而产生谐振;后者主要用于较短的输电线路,其经济性相对较差,且控制较为麻烦。

基于我国电网的特点,本章首先针对并联电抗器加中性点小电抗的方法进行优化研究。通过建立同塔多回输电线路的分布参数耦合模型,从新的角度分析影响多回输电线路潜供电流与弧道恢复电压的因素。通过引入动态电弧电阻模型,得到并联电抗器和中性点小电抗的优化取值准则。基于谐振频率分析,提出临界谐振高抗的概念及其计算公式,针对多回输电线路进一步给出并联电抗器与中性点小电抗的优化取值方法。另外,考虑到现有抑制措施的不足,本章提出一种新型的潜供电弧抑制技术,操作简单,且不影响输电线路的正常运行,能加速潜供电弧的熄灭,可作为现有潜供电弧抑制方法的有效补充。

8.1 面向潜供电弧抑制的并联电抗器参数综合优化

随着电网规模的扩大以及线路走廊的紧缺,同塔并架的双回以及四回输电线路在超高压电网已逐渐推广,特高压双回输电线路建设（上海至淮南线）亦已实施[59,64,65]。同塔双回乃至多回输电线路具有单回线路不具备的独有特征,线路换位方式、并联电抗器布置、导线相序排列、故障类型等复杂多样,同时回路间的耦合效应,导致潜供电流与恢复电压值可能较大,问题变得更为突出[59]。此外,对于带并联电抗器的多回输电线路,并联电抗器及其中性点小电抗的取值需综合考虑相间、回路间的耦合影响,不仅涉及单回路非全相运行时的谐振过电压,也存在多回路间耦合引起的谐振过电压等问题,目前的文献对此少有研究,更缺乏针对多回线路的通用模型与定量参数的计算公式。

8.1.1　同塔多回线路的电磁耦合模型

发生单相接地故障的输电线路在故障相被切除后,其故障回路健全相以及健全回路仍可通过静电感应和电磁感应的耦合向故障相供电,在接地电弧通道将流过潜供电流,包括强制分量和自由分量两部分,其中强制分量是潜供电流的主要成分。超/特高压输电线路电压等级高、线路较长,潜供电流值大,如果潜供电弧不能可靠熄灭,将影响到单相重合闸时间。图 8.1 为同塔多回输电线路某一回线路发生单相接地故障时,健全线路对故障线路的电磁耦合分析模型。

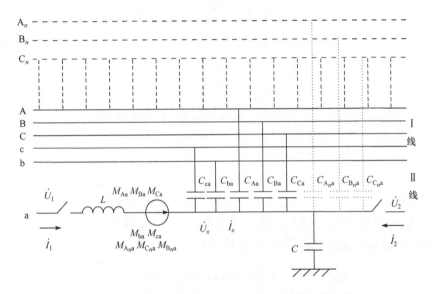

图 8.1　健全线路对故障线路的电磁耦合分析模型

图 8.1 中,a、b、c 为故障回路 II 的三相;A、B、C、$\cdots$、A_n、B_n、C_n 分别为健全回路 $1,2,\cdots,n$ 的三相;$\dot{U}_1$、$\dot{U}_2$、$\dot{I}_1$、$\dot{I}_2$ 分别为故障相两侧的电压、电流相量;U_x、I_x 为故障点的电压、电流相量;M_{Aa}、M_{Ba}、M_{Ca}、$\cdots$、M_{A_na}、M_{B_na}、M_{C_na}、M_{ba}、M_{ca} 分别为健全回路及故障回路健全相与故障 a 相之间的互感;C_{Aa}、C_{Ba}、C_{Ca}、$\cdots$、C_{A_na}、C_{B_na}、C_{C_na}、C_{ba}、C_{ca} 分别为健全回路及故障回路健全相与故障 a 相的互电容;L、C 为故障 a 相单位长度的电感和对地电容(不考虑输电线路的电阻和对地电导)。

以同塔双回输电线路为例,设 x 为故障点距线路首端的距离,l 为输电线路的长度,则线路发生金属性接地故障时,可得到

$$\frac{-\partial \dot{I}}{\partial x} = j\omega C_{Aa}(\dot{U}-\dot{U}_A) + j\omega C_{Ba}(\dot{U}-\dot{U}_B)$$
$$+ j\omega C_{Ca}(\dot{U}-\dot{U}_C) + j\omega C_{ba}(\dot{U}-\dot{U}_b)$$
$$+ j\omega C_{ca}(\dot{U}-\dot{U}_c) + j\omega C\dot{U} \tag{8-1}$$

$$-\frac{\partial \dot{U}}{\partial x}=\mathrm{j}\omega M_{\mathrm{Aa}}\dot{I}_{\mathrm{A}}+\mathrm{j}\omega M_{\mathrm{Ba}}\dot{I}_{\mathrm{B}}+\mathrm{j}\omega M_{\mathrm{Ca}}\dot{I}_{\mathrm{C}}$$

$$+\mathrm{j}\omega M_{\mathrm{ba}}\dot{I}_{\mathrm{b}}+\mathrm{j}\omega M_{\mathrm{ca}}\dot{I}_{\mathrm{c}}+\mathrm{j}\omega M\dot{I} \qquad (8\text{-}2)$$

其中，$\dot{U}_{\mathrm{A}}$、$\dot{U}_{\mathrm{B}}$、$\dot{U}_{\mathrm{C}}$、$\dot{U}_{\mathrm{b}}$、$\dot{U}_{\mathrm{c}}$分别为健全回路与故障回路健全相的沿线电压相量；$\dot{I}_{\mathrm{A}}$、$\dot{I}_{\mathrm{B}}$、$\dot{I}_{\mathrm{C}}$、$\dot{I}_{\mathrm{b}}$、$\dot{I}_{\mathrm{c}}$分别为健全回路与故障回路健全相的沿线电流相量；$\dot{U}$、$\dot{I}$为故障相沿线的电压、电流相量。

当故障回路的某相跳闸后，健全回路的三相电气参量在经历短时电磁暂态过程后不再满足严格的对称关系，本章以健全回路的故障同名相 A 相为参考相，令

$$\dot{U}_{\mathrm{A}}=K_{2\mathrm{B}}\dot{U}_{\mathrm{B}}\mathrm{e}^{-\mathrm{j}\frac{2\pi}{3}}=K_{2\mathrm{C}}\dot{U}_{\mathrm{C}}\mathrm{e}^{-\mathrm{j}\frac{4\pi}{3}}$$

$$=K_{2\mathrm{b}}\dot{U}_{\mathrm{b}}\mathrm{e}^{-\mathrm{j}\frac{2\pi}{3}}=K_{2\mathrm{c}}\dot{U}_{\mathrm{c}}\mathrm{e}^{-\mathrm{j}\frac{4\pi}{3}} \qquad (8\text{-}3)$$

$$\dot{I}_{\mathrm{A}}=k_{2\mathrm{B}}\dot{I}_{\mathrm{B}}\mathrm{e}^{-\mathrm{j}\frac{2\pi}{3}}=k_{2\mathrm{C}}\dot{I}_{\mathrm{C}}\mathrm{e}^{-\mathrm{j}\frac{4\pi}{3}}$$

$$=k_{2\mathrm{b}}\dot{I}_{\mathrm{b}}\mathrm{e}^{-\mathrm{j}\frac{2\pi}{3}}=k_{2\mathrm{c}}\dot{I}_{\mathrm{c}}\mathrm{e}^{-\mathrm{j}\frac{4\pi}{3}} \qquad (8\text{-}4)$$

其中，$K_{2\mathrm{B}}$、$K_{2\mathrm{C}}$、$K_{2\mathrm{b}}$、$K_{2\mathrm{c}}$、$k_{2\mathrm{B}}$、$k_{2\mathrm{C}}$、$k_{2\mathrm{b}}$、$k_{2\mathrm{c}}$皆为复数，其模值反映故障后健全相电压、电流幅值的差异，其幅角反映故障后健全相电压、电流相角的差异。针对同塔双回输电线路，故障后健全相的电压参数的不对称度较小，$K_{2\mathrm{B}}$、$K_{2\mathrm{C}}$、$K_{2\mathrm{b}}$、$K_{2\mathrm{c}}$与 $\mathrm{e}^{\mathrm{j}0}$ 较为相近；而电流参数的不对称度较大，$k_{2\mathrm{B}}$、$k_{2\mathrm{C}}$、$k_{2\mathrm{b}}$、$k_{2\mathrm{c}}$偏离 $\mathrm{e}^{\mathrm{j}0}$ 较远。上述参数的具体值与输电线路的杆塔结构、导线参数及布置方式等密切相关。

对式(8-1)和式(8-2)进行拉普拉斯变换与逆变换运算，可推导出同塔双回线路的潜供电流和弧道恢复电压（强制分量）如下：

$$\dot{I}_{\mathrm{sec}}(x)=\left[-\mathrm{j}\frac{\dot{U}_{1}}{Z_{\mathrm{c}}}\sin(\gamma x)-\mathrm{j}\frac{\dot{U}_{2}}{Z_{\mathrm{c}}}\sin\gamma(l-x)\right]$$

$$+\left[\dot{I}_{1}\cos(\gamma x)+\dot{I}_{2}\cos\gamma(l-x)\right]$$

$$+\mathrm{j}\frac{\alpha}{\gamma^{2}Z_{\mathrm{c}}}\dot{U}_{\mathrm{A}}\left[\sin(\gamma x)+\sin\gamma(l-x)\right]$$

$$+\frac{M}{L}\dot{I}_{\mathrm{A}}\left[\cos(\gamma x)+\cos\gamma(l-x)-2\right] \qquad (8\text{-}5)$$

$$\dot{U}_{\mathrm{rec}}(x)=\dot{U}_{1}\cos(\gamma x)-\mathrm{j}\dot{I}_{1}Z_{\mathrm{c}}\sin(\gamma x)$$

$$+\frac{\alpha}{\gamma^{2}}\dot{U}_{\mathrm{A}}[1-\cos(\gamma x)]-\mathrm{j}\frac{M}{L}Z_{\mathrm{c}}\dot{I}_{\mathrm{A}}\sin(\gamma x) \qquad (8\text{-}6)$$

其中，γ 为相位常数；Z_{c} 为波阻抗；α、M 分别为健全线路对故障 a 相的总互感系数、总互容系数。

由式(8-5)、式(8-6)可知，潜供电流与弧道恢复电压中包含两个分量，其中一个取决于故障断开线路两端的边界电压与电流相量，与线路的补偿方式有关；另一个则取决于输电线路的激励源与故障点的位置。

式(8-5)、式(8-6)给出的分布参数表达形式,不仅适用于同塔双回输电线路潜供电流和恢复电压的计算,同时也可推广用于任意回数的输电线路(如单回、四回等)。当双回输电线路发生多重故障时,表达式也成立,差异仅在于 γ、α、Z_c、M 的取值。表 8.1 给出了发生单相故障时,不同输电线路回数情况下潜供电流、恢复电压的参数表达形式,其中 $\omega = 2pf$,ω 为角频率,f 为输电线路的频率。

当双回输电线路发生多重故障而跳开多相时,针对故障 a 相潜供电流、恢复电压的计算,表 8.1 中 γ、Z_c 保持不变,仅需去掉 α、M 项中故障跳开相与故障 a 相之间的互容和互感部分;对于任意多回的输电线路,将参数 γ、α、Z_c、M 中的电容、电感部分,变为所有健全回路中对应相与故障相之间的互容、互感之和即可;针对多回输电线路的多重故障,情况与此类似。

表 8.1　单相故障时不同回数输电线路的参数表达式

线路	表达式
单回输电线路	$\gamma = \omega \sqrt{L(C + C_{ba} + C_{ca})}$ $\alpha = -\omega^2 L\left[\left(-\dfrac{1}{2} - j\dfrac{\sqrt{3}}{2}\right)\dfrac{1}{K_{1b}}C_{ba} + \left(-\dfrac{1}{2} + j\dfrac{\sqrt{3}}{2}\right)\dfrac{1}{K_{1c}}C_{ca}\right]$ $Z_c = \sqrt{L/(C + C_{ba} + C_{ca})}$ $M = \left(-\dfrac{1}{2} - j\dfrac{\sqrt{3}}{2}\right)k_{1b}M_{ba} + \left(-\dfrac{1}{2} + j\dfrac{\sqrt{3}}{2}\right)k_{1c}M_{ca}$
双回输电线路	$\gamma = \omega \sqrt{L(C + C_{Aa} + C_{Ba} + C_{Ca} + C_{ba} + C_{ca})}$ $\alpha = -\omega^2 L\left[C_{Aa} + \left(-\dfrac{1}{2} - j\dfrac{\sqrt{3}}{2}\right)\left(\dfrac{1}{K_{2B}}C_{Ba} + \dfrac{1}{K_{1b}}C_{ba}\right) + \left(-\dfrac{1}{2} + j\dfrac{\sqrt{3}}{2}\right) \cdot \left(\dfrac{1}{K_{2C}}C_{Ca} + \dfrac{1}{K_{1c}}C_{ca}\right)\right]$ $Z_c = \sqrt{L/(C + C_{Aa} + C_{Ba} + C_{Ca} + C_{ba} + C_{ca})}$ $M = M_{Aa} + \left(-\dfrac{1}{2} - j\dfrac{\sqrt{3}}{2}\right)\left(\dfrac{1}{k_{2B}}M_{Ba} + \dfrac{1}{k_{1b}}M_{ba}\right) + \left(-\dfrac{1}{2} + j\dfrac{\sqrt{3}}{2}\right) \cdot \left(\dfrac{1}{k_{2C}}M_{Ca} + \dfrac{1}{k_{1c}}M_{ca}\right)$

分析式(8-5)、式(8-6)和表 8.1 的结果,可得出如下结论。

(1) 随着输电线路回数的增加,相位常数 γ 增大,波阻抗 Z_c 减小。互电容系数 α、互电感系数 M 则主要取决于导线的相序排列与换位方式。α 同时与反映电压不对称度的参数 K_{1B}、K_{1C}、$\cdots$、K_{nB}、K_{nC} 相关联,M 与反映电流不对称度的参数 k_{1B},k_{1C},$\cdots$,k_{nB},k_{nC} 相关联。

(2) 当健全回路的 A、B、C 三相对故障 a 相完全对称时,$C_{Aa} = C_{Ba} = C_{Ca}$,$M_{Aa} = M_{Ba} = M_{Ca}$。由于故障发生后健全相的电压参量不对称度相对较小,K_{nA}、K_{nB}、K_{nC} $\cdots$偏离 e^{j0} 较小,此时 α 近似有极小值;健全相的电流不对称度相对较大,此时 M 偏离极小值较远。

(3) 因为输电线路的潜供电流与弧道恢复电压主要取决于输电线路的静电感应分量,电磁感应分量所占比重相对较小,即主要取决于输电线路的电压等级,而

健全回路电流对其影响较小。当健全回路的三相对故障相完全对称时,故障 a 相
的潜供电流和恢复电压仍近似存在极小值。

　　(4) 发生双重故障时,γ、Z_c 保持不变,α 较单相故障时增大,M 较单相故障时
变化相对较小。相同参数条件下,潜供电流和恢复电压值将相应增加,潜供电弧问
题更为突出。

　　(5) 当健全回路的三相相对于故障回路故障 a 相完全对称时,仍会对故障 a
相产生影响,如果忽略双回线路间的耦合效应,将导致一定的计算误差。

　　(6) 多回线路的等效电磁耦合模型反映了回路间的交互影响,除可应用于潜
供电流、弧道恢复电压的计算外,也可应用于多回线路的耦合谐振过电压的特性分
析,是并联电抗器参数优化设计的基础。

8.1.2　基于潜供电弧抑制的并联电抗器参数优化

1. 潜供电弧动态弧阻模型

　　本章基于改进的 Mayr 方程建立了潜供电弧模型,可以较好地描述电流过零
区域的电弧特性。采用不同工况下输电线路潜供电弧的实验参数进行仿
真[17,18,34],以比较分析并联电抗器和中性点小电抗对潜供电弧燃弧时间的影响,具
体参数见文献 [17](模型 1)、文献 [18](模型 2)、文献 [34](模型 3)。在电弧的熄
灭机理上,介质恢复理论、能量平衡理论以及基于大量实验的简化经验公式在现有
文献中被广泛应用,但至今仍存在较大争议[27,41],本章统一采用基于介质恢复理
论的熄灭判据[34]。

2. 特高压双回输电线路的计算模型

　　中国华东地区 1000kV 特高压交流输电示范工程,由淮南至池州、池州至杭
北、杭北至上海 3 段组成。其中淮南至池州段为单回线路,其他 2 段为同塔双回结
构。本章选取池州至杭北段进行分析计算,其长度为 164km,导线为 8×LGJ—
800/55,分裂间距为 400mm,呈方形八角布置,地线采用 LGJ—185/30。双回导线
呈逆相序布置,杆塔采用典型自立塔结构,其参数和导线布置如图 8.2 所示。

　　并联电抗器安装在输电线路末端(杭北侧),其补偿度为 90%,中性点小电抗
为 200mH。设线路中点处发生单相接地故障引起短路电弧,100ms 后故障相两侧
断路器分闸,潜供电弧起始。仿真中改变相应的条件分别进行分析计算。

　　(1) 当线路未加并联补偿装置时,不同绝缘子串长度下潜供电弧的燃弧时间
如图 8.3 所示。

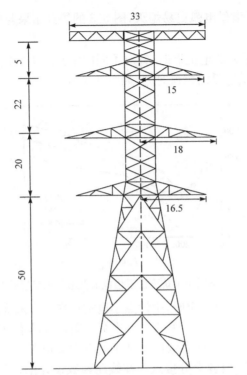

图 8.2　特高压同塔双回线路的参数及导线布置(单位:m)

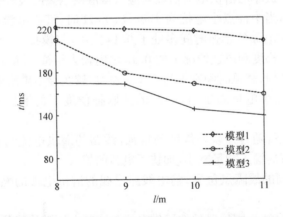

图 8.3　不同绝缘子串长度下潜供电弧的燃弧时间

　　电弧长度与燃弧时间密切相关。随着绝缘子串长度的增大,短路电弧与潜供
电弧起始长度也相应增大,电弧游离加快,单位时间内弧柱散出的热量增大,在弧
柱输入能量一定的情况下,将不足以支撑潜供电弧的燃烧。电弧电阻在绝缘子串
长度增加时亦不断增大,同时绝缘子串两端的介质恢复电压也成比例增加,电弧将
快速熄灭。在相关模拟实验中[22],随着绝缘子串长度的增大,电弧的起始电压梯

度减小,相同条件下潜供电弧更易熄灭,图8.3的仿真结果与模拟实验在一定程度上相印证。

（2）当线路安装并联电抗器时,针对不同的中性点小电抗,可得到相应的潜供电流（有效值）与潜供电弧的燃弧时间,如图8.4所示。

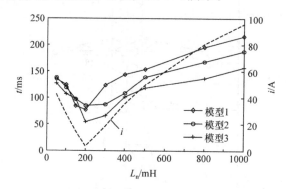

图8.4　不同小电抗下的潜供电流及潜供电弧燃弧时间

当并联电抗器高抗值一定时,中性点小电抗存在一个最优值,此时潜供电弧的燃弧时间最小。由图8.4可知,基于静态电弧电阻计算的潜供电流,当其值（强制分量）最小时,对应的中性点小电抗与基于动态电弧电阻计算的燃弧时间最小值对应的中性点小电抗,两者十分接近。在线路参数设计中,可考虑采用式（8-5）及其相应结论,基于最小的潜供电流值以对应获得潜供电弧的最短燃弧时间。

补偿条件下,当中性点小电抗为150～300mH时,潜供电流值（强制分量）小于20A,此时潜供电弧的燃弧时间多处于0.1s之内,与模拟实验结果中对应的潜供电流、恢复电压梯度和风速情况下的0.1s之内较为相符。随着中性点小电抗的增大,潜供电流增加,燃弧时间则多为0.15s左右,较实验结果略偏小[22]。

（3）当中性点小电抗固定时,不同的并联补偿度下的潜供电弧燃弧时间如图8.5所示。

在相同条件下,随着并联补偿度的增加,线路的潜供电流与恢复电压相对减小,潜供电弧弧道的输入能量减小,加快了电弧的熄灭。

（4）针对不同的故障点位置,输电线路沿线的潜供电弧的燃弧时间如图8.6所示。

输电线路在沿线不同位置处的潜供电流与恢复电压随故障位置变化的规律不同,其受线路长度、并联电抗器的安装位置等影响。池州至杭北段线路由于线路较短,沿线不同故障处潜供电弧的燃弧时间差别较小。

同塔双回输电线路,当两回路同时运行时,中性点小电抗补偿潜供电流的最优取值,较之相同条件下另一回路停运时的最优取值并不一致,如图8.7所示。对于可控电抗器,针对同塔多回输电线路,当某临近回路线路工况发生较大变化时,其中性点小电抗需重新优化取值。

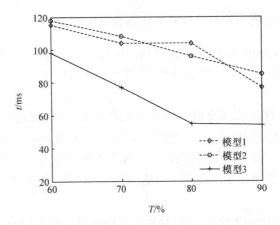

图 8.5 不同并联补偿度下的潜供电弧燃弧时间

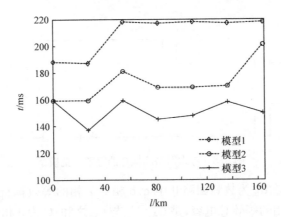

图 8.6 不同故障位置处的潜供电弧燃弧时间

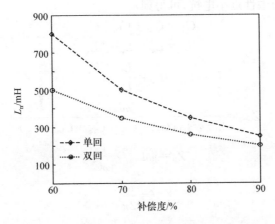

图 8.7 不同回路运行下中性点小电抗最优补偿值

8.1.3 基于谐振过电压抑制的并联电抗器参数优化

安装并联电抗器的输电线路，因并联高抗与线路相间电容、回路间电容的交互作用，易引起谐振过电压，该过电压持续时间较长，对输电线路的影响十分严重[46]。

同塔并架多回输电线路的内部谐振过电压特性与单回线路有所不同，既可能产生非全相运行谐振过电压，又可能因健全回路对故障回路的电磁感应而引起谐振过电压。例如，带高抗的某回路检修时，线路上的感应电压较不装高抗时显著增加，如果高抗和中性点小电抗选择不合适，则易进入谐振状态而产生极大的静电感应过电压。

以双回输电线路为例(图8.1)，若安装并联电抗器的某回路Ⅱ发生单相故障，当故障相两端断路器打开后，从故障回路某观测点a相看过去的等效阻抗电路如图8.8所示。

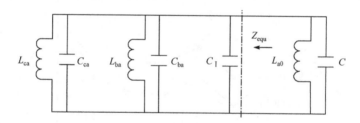

图 8.8　考虑回路间耦合的等效阻抗模型

图8.8中，C_{ca}、C_{ba}为故障回路Ⅱ中c、b相对a相的等效耦合电容；C_{I}为健全回路Ⅰ对故障a相的等效总电容，是C_{Aa}、C_{Ba}与C_{Ca}之和；C为a相的对地电容；L_{ca}、L_{ba}为c、b相对a相的等效耦合电感；L_{a0}为a相的等效对地电感。设L_{p}为并联电抗器的高抗，L_{n}为中性点小电抗，可得到

$$C_{I} = C_{Aa} + C_{Ba} + C_{Ca} \tag{8-7}$$

$$L_0 = L_{a0} = L_p + 3L_n \tag{8-8}$$

$$L_1 = L_{ca} = L_{cb} = \frac{L_p}{L_n}(L_p + 3L_n) \tag{8-9}$$

$$Z_{equ} = \frac{j\omega L_1}{2 - \omega^2 L_1(C_{Aa} + C_{Ba} + C_{Ca} + C_{ba} + C_{ca})} \tag{8-10}$$

$$Z_0 = j\omega L_{a0} // \frac{1}{j\omega C} \tag{8-11}$$

$$f = \frac{\omega}{2\pi} \tag{8-12}$$

$$F(\omega) = Z_{equ} + Z_0 = 0 \tag{8-13}$$

式(8-13)的根 f 为故障 a 相的固有谐振频率,可推得其表达式为

$$f=\sqrt{\frac{2L_0+L_1}{L_0L_1C_{equ}}}\Big/(2\pi) \tag{8-14}$$

$$C_{equ}=C_{Aa}+C_{Ba}+C_{Ca}+C_{ba}+C_{ca}+C \tag{8-15}$$

当 f 趋向于 50Hz 时,即系统的激励频率与固有谐振频率相同时将产生谐振,从而在 a 相线路上产生极大的谐振过电压。

式(8-14)不仅适用于双回输电线路,同时可推广至任意回数的情况。不同回数线路的谐振频率值仅与等效电容 C_{equ} 有关,如表 8.2 所示。

表 8.2　不同回数线路的等效电容

回数	等效电容
单回	C_{equ}、C_{ba}、C_{ca}、C
双回	C_{equ}、C_{Aa}、C_{Ba}、C_{Ca}、C_{ba}、C_{ca}、C

对于多回(如四回)输电线路,C_{equ} 中包括所有健全回路和健全相对故障 a 相的互电容,以及故障 a 相的对地电容。随着输电线路回数的增加,等效的耦合总电容增加,使得系统的谐振点发生变化,对并联高抗和中性点小电抗的取值提出了新要求。

输电线路的谐振点与线路的运行方式、传输功率等因素无关,取决于输电线路的结构和参数。输电线路激励源的数值、相对应的传输功率、运行方式等在一定程度上可改变谐振过电压的幅值大小,但并不能消除系统的谐振状态。

令 $C_{Aa}=0.3F$,$C_{Ba}=0.5F$,$C_{Ca}=0.6F$,$C_{ba}=0.8F$,$C_{ca}=1.0F$,$C=1.8F$,图 8.9 给出了系统的固有谐振频率与并联高抗、中性点小电抗之间的关系。当系统的固有频率趋近 50Hz 而发生谐振时,此时并联高抗与中性点小电抗的关系曲线如图 8.10 所示。

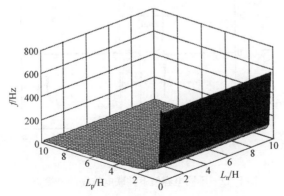

图 8.9　双回输电线路的固有谐振特性

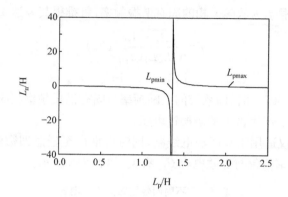

图 8.10　并联高抗及中性点小电抗的工频谐振特性

L_{pmin}是 L_n 从 0 开始上升时所对应的 L_p 值；L_{pmax}是 L_n 从 0 开始上升随后下降回到 0 时所对应的 L_p 值

由图 8.10 可知，曲线中存在 2 个临界点：L_{pmin}和 L_{pmax}。当高抗值大于 L_{pmax} 或者小于 L_{pmin} 时，无论小电抗 L_n 取值多少都不可能发生谐振。而当 $L_{pmin} < L_p < L_{pmax}$时，则存在谐振点，且谐振点的小电抗值随并联高抗值的增加而增大。

联立式(8-8)、式(8-9)、式(8-14)可知

$$L_{pmin} = \frac{1}{6\pi^2 f^2 C_{equ}} \tag{8-16}$$

$$L_{pmax} = \frac{1}{4\pi^2 f^2 C_{equ}} \tag{8-17}$$

其中，$f = 50\text{Hz}$。令总等效电容 C_{equ} 在一定范围内变化，图 8.11 给出了发生工频谐振时并联高抗临界值的变化趋势。

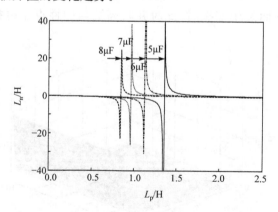

图 8.11　不同电容值下并联电抗器的谐振点

随着总等效电容 C_{equ} 的增大，对应的临界高抗点 L_{pmin}迅速减小，L_{pmax}亦然，线

路存在谐振点的整体范围,即 L_{pmax} 与 L_{pmin} 之间的距离减小;在同一高抗 L_p 下,随着 C_{equ} 的增大,产生工频谐振的小电抗值亦减小。对于安装并联电抗器的双回乃至多回(如四回)输电线路,鉴于回路之间的耦合作用,在考虑可靠熄灭潜供电弧的同时,还应重新选择和界定中性点小电抗的取值,以避免发生谐振现象。整体而言,在满足单回输电线路的并联电抗器补偿度、非全相运行谐振过电压、潜供电弧参数等情况下的小电抗的取值基础上,可适当增大中性点小电抗的取值,以避开回路耦合产生的谐振。

8.2　基于均压电容的新型潜供电弧抑制措施

8.2.1　双断口断路器拓扑

为提高开断性能,特高压输电线路断路器多采用双断口结构,两个断口内部结构相同且呈对称分布。由于对地电容以及杂散电容的影响,断路器开断过程中各断口电压分布通常不均匀,影响断路器的开断性能。为防止开断过程中发生单个断口击穿重燃,通常在每个断口两端并联一个小型均压电容器。双断口断路器的拓扑结构如图 8.12 所示。

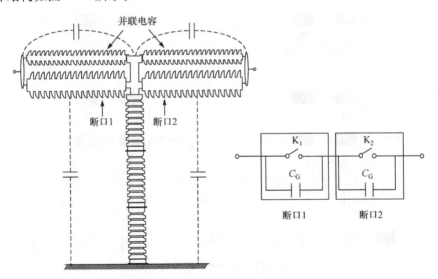

图 8.12　双断口断路器拓扑结构

特高压双断口断路器均压电容技术指标如表 8.3 所示[124]。

表 8.3　均压电容技术指标

技术指标	参数/kV
额定电压	480
工频电压(1min,有效值)	1160
工频电压(2h,有效值)	960
雷电冲击电压(峰值)	1985
操作冲击电压(峰值)	1350

　　线路正常运行时,K_1和K_2处于闭合状态。断路器两端电容对输电线路不产生影响,电容两端的电流、电压为0。当系统发生单相接地故障时,断路器动作,K_1、K_2打开,此时,均压电容串联接入回路,两侧电源通过均压电容支路对故障点注入电流,其运行时序如图8.13所示。根据具体工程,断路器均压电容值一般为 1000~5000pF[124]。

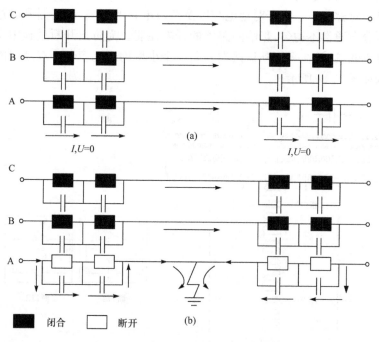

图 8.13　均压电容运行时序

8.2.2　考虑双断口断路器均压电容的线路模型

　　特高压输电线路中通常在线路两端装设并联电抗器以削弱长距离输电线路的电容效应,抑制工频过电压、操作过电压,改善线路电压的分布特性,主要有首端带并联电抗器、末端带并联电抗器、两端同时带并联电抗器三种配置方式。本章以两端同时带并联电抗器的输电线路为例,输电线路正常运行时,其 T 形等效电路模型如图 8.14 所示。

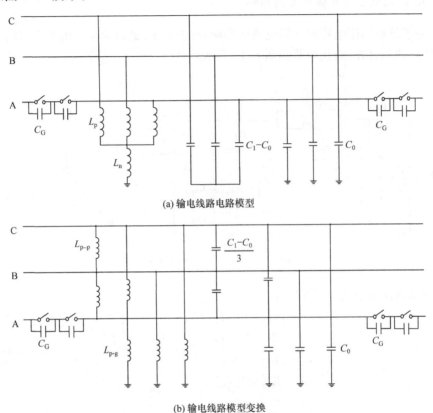

(a) 输电线路电路模型

(b) 输电线路模型变换

图 8.14　正常运行时输电线路的等效拓扑

为消除健全相对故障相的耦合效应,理想状态下,L-C 支路产生谐振[125,126],中性点小电抗 X_n 如式 (8-18) 所示:

$$X_n = \frac{B_1 - B_0}{3FB_1[B_0 - (1-F)B_1]} \tag{8-18}$$

其中

$$\begin{cases} B_0 = \omega C_0 \\ B_1 = \omega C_1 \\ X_r = \omega L_p \\ F = \dfrac{1}{X_r B_1} \end{cases} \tag{8-19}$$

其中，B_0 为零序线路导纳；B_1 为正序线路导纳；X_r 为并联电抗器电抗；F 为线路补偿度；C_1、C_0 分别为输电线路正序、零序电容，其大小主要由线路结构决定。

1. 均压电容对潜供电流的影响

为了分析均压电容对潜供电流的影响，对图 8.14 进行简化。由于电路的对称性，B、C 两相合并，简化电路如图 8.15 所示。

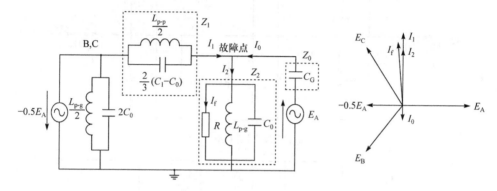

图 8.15 潜供电流计算模型

根据基尔霍夫电流定律，有

$$\begin{cases} Z_0 I_0 + Z_2 I_2 = E_A \\ Z_1 I_1 + Z_2 I_2 = -0.5 E_A \\ I_0 + I_1 = I_2 \\ R I_f = Z_2 I_2 \end{cases} \tag{8-20}$$

其中

$$\begin{cases} Z_0 = \dfrac{1}{j\omega C_G} \\ Z_1 = \dfrac{3 j\omega L_{p\text{-}p}}{6 - 2\omega^2 L_{p\text{-}p}(C_1 - C_0)} \\ Z_2 = \dfrac{j\omega R L_{p\text{-}g}}{j\omega L_{p\text{-}g} + R(1 - \omega^2 L_{p\text{-}g} C_0)} \end{cases} \tag{8-21}$$

因为 $R \ll Z_0$、Z_1、Z_2，推导得

$$I_f \approx \left(\frac{E_A}{Z_0} + \frac{-0.5 E_A}{Z_1} \right) = \frac{2 Z_1 - Z_0}{2 Z_1 Z_0} E_A \tag{8-22}$$

若 $C_G = 0$（无均压电容），则

$$i_f(t) = -\frac{E_A \omega (C_1 - C_0)}{3} \tag{8-23}$$

式(8-23)中表明潜供电流 i_f 由两部分组成,尽管故障相两端断路器断开,两端电源依然能通过断路器均压电容向故障点传递能量,维持故障点电弧的燃烧,对应项为 E_A/Z_2,该分量与均压电容值和线路额定电压成比例分布。

从相位矢量图可以看出,由于 Z_0 呈容性,I_0 总是滞后于 E_A 90°。实际工程中,输电线路并联电抗器的并联补偿度通常为 60%~90%,Z_1 呈容性,均压电容支路的电流可以补偿电流 I_1,因此 I_f 在一定程度上减小。理论上,当线路全补偿时,线路耦合电容的导纳值与电抗值倒数相同。Z_1 处于谐振状态,其值近似于无穷大,潜供电弧与恢复电压值为零。均压电容的存在可能使得故障电流增大。均压电容对潜供电容的影响同时取决于并联电抗器和线路耦合电容。

2. 均压电容对恢复电压的影响

潜供电弧过零点熄灭后,弧道上的恢复电压由稳态分量和暂态分量构成。稳态分量的等效电路模型如图 8.16 所示。

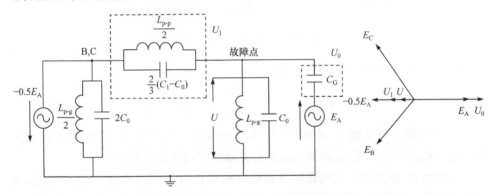

图 8.16　恢复电压计算模型

根据节点电压方程

$$\left(\frac{1}{Z_0}+\frac{1}{Z_1}+\frac{1}{Z_2}\right)U_r=\frac{-0.5E_A}{Z_1}+\frac{E_A}{Z_2} \tag{8-24}$$

可求得

$$U_r=\frac{(2Z_1Z_2-Z_0Z_2)}{2(Z_0Z_1+Z_1Z_2+Z_0Z_2)}E_A \tag{8-25}$$

由于双断口断路器均压电容取值大多为纳法等级,而 Z_0、Z_1 处于微法级,Z_0、$Z_1\ll Z_2$,式(8-25)可简化为

$$U_r=\frac{(2Z_1-Z_0)}{2(Z_0+Z_1)}E_A \tag{8-26}$$

恢复电压和潜供电弧电流正相关,减小潜供电流的同时将降低恢复电压。恢

复电压与输电线路长度无关,仅取决于电压等级和线路结构。分析潜供电流和恢复电压的等效电路图具有一致性。

　　潜供电弧熄灭后,并联电抗器和线路对地电容开始放电,与故障点形成振荡回路,导致恢复电压含有暂态分量。设电源电压为 0,可得到暂态分量等效电路图,如图 8.17 所示,其中 B、C 和接地点成为一个点。

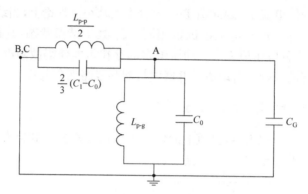

图 8.17　恢复电压暂态分量等效电路图

恢复电压自由振荡频率可表示为

$$f_n = \sqrt{\dfrac{3}{2\pi^2(L_{p\text{-}p}+2L_{p\text{-}g})(2C_1+C_0+3C_G)}} \tag{8-27}$$

f_n 在数值上与工频 f_s 不相等,导致恢复电压呈拍频分布,其频率可表示为 $f_n - f_s$。从式(8-27)可知,均压电容的存在减少了自由振荡频率。

　　一般而言,恢复电压达到稳定状态的时间较长,其取决于线路的阻尼电阻,且可能远远大于单相自动重合闸的死区时间。这意味着暂态恢复电压,尤其是初始阶段的恢复电压上升率,在电弧燃烧时扮演了一个极其重要的角色。从电路可以得出,故障相两端电源可通过断路器均压电容向故障点提供能量,其同样会使故障点的恢复电压增大。

　　3. 均压电容对中性点电抗器绝缘性能的影响

　　在选取最佳中性点小电抗时,其绝缘性能是主要的考量指标[127]。在稳定运行状态下,无论是否考虑均压电容,理想状态下小电抗器两端电压一般为 0。假设 A 相接地故障,故障相两端继电器动作切除故障,如图 8.18(a)所示,根据分压原理,中性点小电抗两端电压又称为 BIL,可表示为

$$U_n = \dfrac{L_n}{L_p+3L_n}E_A \tag{8-28}$$

当 A 相接地,断路器均压电容的电流将通过接地点流入大地。均压电容对绝

缘水平影响较小,其电压主要由并联电抗器决定;并联电抗器补偿度越高,中性点的 BIL 越低。

潜供电弧熄灭后,可得到简化电路如图 8.18(b)所示,可推导得中性点小电抗电压为

$$U_n = \frac{2L_n U_r - L_n E_A}{2(L_p + 3L_n)} \tag{8-29}$$

其中

$$U_r = \frac{(2Z_1 - Z_0)}{2(Z_0 + Z_1)} E_A \tag{8-30}$$

从式(8-29)可得,均压电容会减小中性点小电抗两端电压,随着均压电容不断增大,其对绝缘的要求越低。

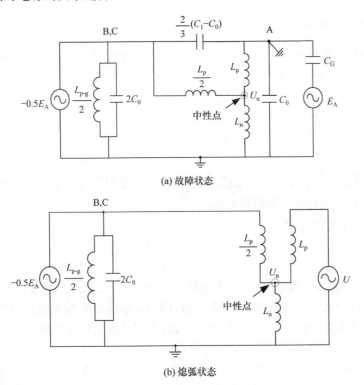

(a) 故障状态

(b) 熄弧状态

图 8.18 中性点等效电路模型

8.2.3 仿真计算

1. 特高压输电系统结构

特高压交流试验示范工程线路模型如图 8.19 所示[128]。输电线路两端安装并

联电抗器且全换位,其补偿度为 90%,中性点小电抗值按相间电容全补偿的原则选取。假设在 $t=0.04\text{s}$,A 相线路中点发生单相接地故障,经过 100ms 后单相自动重合闸装置动作跳闸。

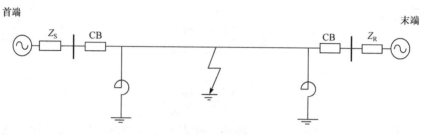

图 8.19　特高压交流示范工程线路模型

2. 潜供电弧数学模型

电弧具有高度的非线性,其物理特性受到风、绝缘子串结构等因素影响。大量研究结果表明,电弧的 V-I 特性呈磁滞回环形状,电阻变化范围大。国内外学者提出了多个模型以描述电弧的动力学行为。本书采用 Johns 方程,其电弧电导可由式(8-31)表示为

$$\frac{\mathrm{d}g_a}{\mathrm{d}t}=\frac{1}{\tau_a}(G_a-g_a) \tag{8-31}$$

其中,g_a 是动态电弧电导;G_a 是静态电弧电导;τ_a 是电弧时间常数。下标 a 表示 p 或 s,分别代表短路电弧和潜供电弧。

静态电弧电导定义为

$$G_a=\frac{|i_a(t)|}{v_a(t)l_a(t)} \tag{8-32}$$

其中,$i_a(t)$ 为瞬时电弧电流;$l_a(t)$ 为电弧长度;$v_a(t)$ 为电弧电压梯度。

针对短路电弧,其电流通常为千安级,Strom 等通过大量实验研究表明,电弧电压梯度基本为常数[129,130];针对潜供电弧,电压梯度受到电流峰值 I_s 的影响。

$$\begin{cases} v_\text{p}=15\text{V/cm} \\ v_\text{s}=75I_\text{s}^{-0.4} \end{cases} \tag{8-33}$$

电弧时间常数是描述电弧特性的关键参量,其具有一定的不确定性,受运行工况的影响。电弧时间常数定义为

$$\tau_a=k_a\frac{I_a}{l_a} \tag{8-34}$$

其中,I_a 为峰值电流;k_a 可通过拟合式(8-34)和电弧的 V-I 特性曲线获得。目前,有大量的文献对上述参数进行了分析,各个参数有一定的适用范围。为确定均压

电容对潜供电弧的影响,本书考虑了两种情况,如下所示。

模型 1[34]

$$\begin{cases} \tau_p = \dfrac{2.85 \times 10^{-5} I_p}{l_p} \\[3mm] \tau_s = \dfrac{2.51 \times 10^{-3} I_s^{1.4}}{l_s} \end{cases} \tag{8-35}$$

模型 2[17]

$$\begin{cases} \tau_p = \dfrac{0.707 \times 10^{-5} I_p}{l_p} \\[3mm] \tau_s = \dfrac{1.43 \times 10^{-2} I_s^{1.4}}{l_s} \end{cases} \tag{8-36}$$

电弧长度对其动力学特性影响显著。为了保证电力系统的稳定性,故障相通常在 0.1s 内切除,短路电弧的持续时间较短,短路电弧长度 l_p 变化小,通常设定为特高压线路绝缘子串长的 1.1 倍。根据特高压线路设计,l_p 设定为 10m。由于电磁力和风力的作用,潜供电弧迅速延长,其长度有一定的随机性,本书考虑了两种情况。

模型 1[34]

$$\frac{l_s}{l_p} = \begin{cases} 1, & t_r \leqslant 0.1s \\ 10t_r, & t_r > 0.1s \end{cases} \tag{8-37}$$

模型 2[17]

$$l_s = l_p [1 + \xi(1 - e^{-t_r})] \tag{8-38}$$

其中,t_r 代表潜供电弧的起始时间,ξ 等于 3.25。

潜供电弧本质上是交流电弧,通常当电流过零时熄弧。潜供电弧的燃弧时间受到诸多因素的影响,包括短路电弧的电流值和持续时间、恢复电压上升率和幅值、空气条件等。在电弧的熄灭机理上,介质恢复理论、能量平衡理论以及基于大量试验的简化经验公式在现有文献中被广泛应用,但至今仍存在较大争议[131],本书统一采用基于介质恢复理论的熄灭判据进行分析,介质恢复强度可表示为

$$v_r = \left(5 + \frac{1620 T_e}{2.15 + I_s}\right)(t_r - T_e) h(t_r - T_e) l_s \tag{8-39}$$

其中,v_r 为电弧重燃电压;T_e 为潜供电弧起始至电流过零时间;$h(t_r - T_e)$ 为阶跃函数。当电流过零时,若弧道恢复电压小于介质恢复强度,电流为零,反之亦然。

本章在 EMTP 中建立了短路电弧和潜供电弧模型,如图 8.20 所示。采用拉普拉斯变换求解上述微分方程组。短路电弧和潜供电弧电阻由 TACS TYPE-91 模块表示。电流过零时,将介质恢复强度与弧道恢复电压进行比较,以确定 TACS TYPE-13 开关状态。

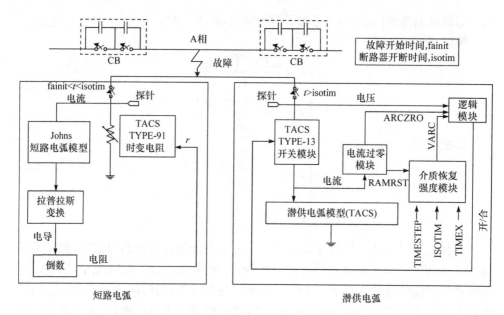

图 8.20　短路电弧和潜供电弧模型

潜供电流与恢复电压波形如图 8.21 所示。

由图 8.21 可知,潜供电流大致可以分为两个阶段,即阶段 1 和阶段 2。潜供电弧起始后,电流快速振荡,电流中包含多个分量。随着高频分量的衰减,电流进入稳定状态,模型 1 和模型 2 的最大电流 i_{max} 分别为 46.5A 和 19.4A。由于时间常数和电弧长度不一致,模型 2 的电阻较大,电流较小。

随着时间的增加,潜供电弧长度逐渐增加。由于潜供电弧电阻的非线性特征,电流中含有大量的谐波分量,与现场测量的数据较为接近,本书建立的模型能较为精确地描述潜供电弧行为。

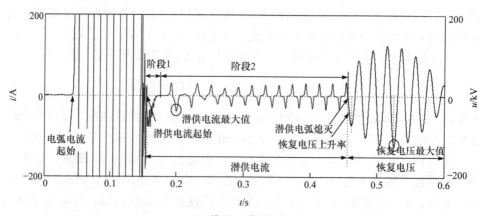

(a) 模型1,无均压电容

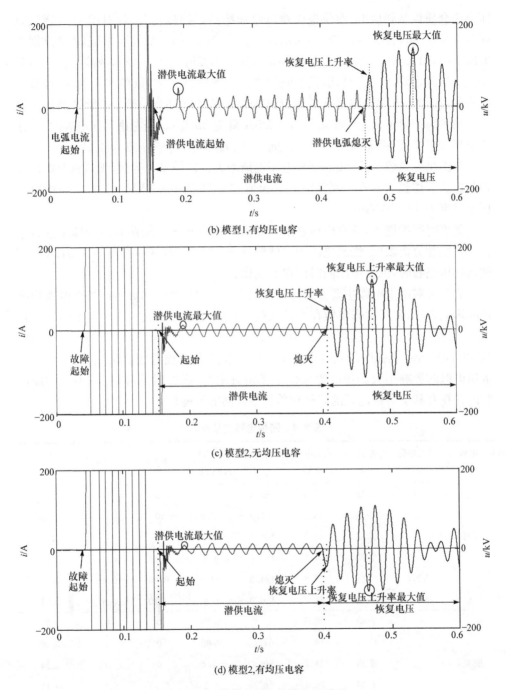

图 8.21　潜供电流与恢复电压波形

随着时间的增加,潜供电弧通道中的介质恢复强度不断增大。当弧道恢复电压小于介质恢复强度时,潜供电弧难以继续维持,最终熄弧。针对模型1,燃弧时间为0.33s(起始:0.14s,熄灭:0.47s)。最长燃弧时间和最短燃弧时间分别为0.33s(中点)、0.29s(末端)。针对模型2,最长燃弧时间为0.26s,故障点位于线路中点。当考虑均压电容时,潜供电流的波形基本保持一致,以模型1为例,计算结果表明,流过首末端断路器的电流分别为0.68A和0.67A,部分补偿了潜供电流值。最大瞬态电流i_{max}略微减小,从46.5A降为38.6A。当考虑均压电容时,上述值出现在正半波,而非负半波。与此同时,燃弧时间由0.33s降为0.32s。

当潜供电弧熄灭后,弧道恢复电压逐渐增大。以模型1为例,弧道恢复电压呈拍频振荡。熄弧后0.07s恢复电压最大值U_{rmax}达到138.3kV。起始阶段恢复电压上升率为12.9kV/ms。

随着时间的增大,恢复电压逐渐衰减直至稳定状态。振荡时间持续了数百毫秒。傅里叶分析表明,恢复电压的自然频率约为5.8Hz,其稳态值约为34kV。当纳入均压电容时,恢复电压同时出现了变化。

表8.4对潜供电弧主要参数进行了比较。当$C_G = 5000$pF时,其对电弧稳态过程影响很小,但对暂态参数存在较大的影响,包括i_{max}、u_{rmax},特别是RRRV。例如,当线路中点发生单相接地故障时,以模型1为例,RRRV从12.9kV/ms下降为12.7kV/ms,燃弧时间同时出现了下降。故障点越接近线路两端,均压电容对潜供电弧的影响越大。当故障点位于线路首端时,燃弧时间降为0.14s。均压电容的存在有利于潜供电弧的熄灭和单相重合闸的实施。

表 8.4 潜供电弧主要参数

电弧模型	均压电容/pF	故障位置	最大电流/A	最大电压/kV	RRRV/(kV/ms)	I_s/A	I_r/A	t/s
模型1	0	首端	56.4	162.1	11.1	0	0	0.29
		中点	46.5	138.3	12.9	0	0	0.33
		末端	48.2	140.7	11.4	0	0	0.31
	5000	首端	54.7	137.5	4.2	0.68	0.67	0.14
		中点	38.6	124.2	12.7	0.66	0.68	0.32
		末端	51.7	126.0	6.5	0.70	0.67	0.21
模型2	0	首端	28.6	52.7	9.19	0	0	0.20
		中点	19.4	47.4	8.62	0	0	0.26
		末端	24.7	50.3	11.4	0	0	0.24
	5000	首端	25.4	48.3	4.2	0.79	0.77	0.12
		中点	17.9	45.4	7.83	0.76	0.74	0.25
		末端	24.7	49.4	6.5	0.75	0.77	0.18

8.2.4　基于扩展均压电容的新型潜供电弧抑制措施

1. 工作原理

并联电抗器和中性点小电抗是传统的潜供电弧抑制措施。但是,潜供电流对于中性点小电抗十分敏感,当中性点小电抗偏离整定值时,可能产生很大的潜供电流值。同时,小电抗的引入改变了线路的谐振点,很容易产生幅值极大的谐振过电压,特别是当多条线路并行架设时。

若有

$$Z_0 = 2Z_2 \tag{8-40}$$

即

$$C_G = \frac{C_1 - C_0}{3} - \frac{1}{\omega^2 L_{p\text{-}p}} \tag{8-41}$$

此时

$$I_f \approx 0 \tag{8-42}$$

在这种情况下,故障相通过均压电容的电流和健全相耦合电流相等,均压电容可以完全补偿健全相耦合效应产生的电流。因此,均压电容可以作为一种替代中性点小电抗抑制潜供电流的方案。目前常用的潜供电弧抑制措施主要包括并联电抗器中性点加小电抗和快速接地开关(HSGS)。其中,前者主要适用于长距离输电线路,后者主要适用于短距离输电线路。考虑到系统输电线路的多样性,本章对上述两种情况进行了分析。

工况 1:有并联电抗器组(长距离输电线路)

$$C_G = \frac{C_1 - C_0}{3} \tag{8-43}$$

工况 2:无并联电抗器组(短距离输电线路)

$$C_G = \frac{C_1 - C_0}{3} \tag{8-44}$$

上述两种方式下均压电容参数一致。根据文献[132]

$$\begin{cases} C_1 = \dfrac{2\pi\varepsilon_0}{\ln\dfrac{D}{R'}} \\[4mm] C_0 = \dfrac{2\pi\varepsilon_0}{\ln\dfrac{8h^3}{R'D}} \end{cases} \tag{8-45}$$

其中,R' 为导线几何平均半径;D 为等效相间距;h 为导线对地高度。图 8.22 给出了 500kV、750kV 和 1000kV 输电线路的均压电容与线路长度的关系。

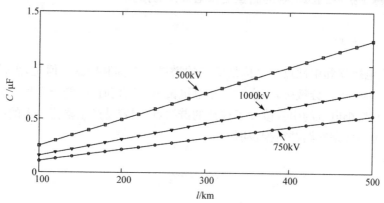

图 8.22　均压电容与线路长度的关系

由图 8.22 可知,均压电容和输电线路长度成正比分布。式(8-45)表明,均压电容值由 R'、D、h 三个参数决定。为了降低线路导体表面的场强,500kV、750kV 以及 1000kV 线路分别为 4、6、8 根分裂导线。特高压线路的导线几何平均半径最大。尽管如此,线路高度和相间距离亦最大,使得线路间的耦合效应减弱。由图 8.22 可知,1000kV 输电线路均压电容曲线斜率大于 750kV 线路而小于 500kV 线路,线路间耦合效应与电压并不是简单的正比例关系。需要指出的是,本书采用的线路为完全换位和对称结构。若线路不完全换位,每相均压电容值可能存在差异,取决于输电线路的几何参数和换位模式。

2. 验证分析

为验证本方法的有效性,以模型 1 为例,开展了对应的仿真计算,均压电容设定为 $0.5\mu F$,计算结果如图 8.23 所示。

工况 1:有并联电抗器。

计算结果如图 8.23(a)所示。此时,流过均压电容的电流高达 67A,由于潜供电流大大减小,电弧在 0.1s 内快速熄灭。与类似方法相比[127,17],本方法燃弧时间最短。

恢复电压的拍频振荡频率较慢,傅里叶分析表明该频率已低于 4Hz。恢复电压峰值仅为 21.7kV,恢复电压上升率下降为 4.2kV/ms。

工况 2:无并联电抗器。

计算结果如图 8.23(b)所示。均压电容的存在可有效减小潜供电流,进而缩短燃弧时间。电弧燃弧时间约为 0.08s(4 个周期)。区别于拍频振荡现象,恢复

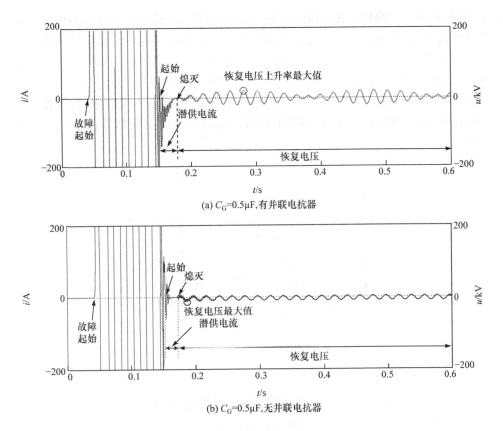

图 8.23 潜供电流与恢复电压

电压与水平轴呈非对称分布。其中间还有一个由残余电压导致的直流分量和工频分量。恢复电压峰值和恢复电压上升率分别为 14.2kV 和 5.3kV/ms,潜供电弧参数如表 8.5 所示。

表 8.5 潜供电弧参数

模型	i_{max}/A	u_{max}/kV	RRRV/(kV/ms)	f_n/Hz	I_s/A	I_r/A	t/s
1	2.4	21.7	4.2	3.2	68.6	67.2	0.09
2	1.8	14.2	5.3	—	68.5	67.1	0.08

8.2.5 影响因素分析

1. 故障位置

潜供电弧电流主要由健全相对故障相的电容耦合电流组成,电感耦合电流很小,可忽略不计。潜供电弧阶段时间较短,为分析方便,健全相电压的幅值和相角几乎保持不变,因此故障点位置对潜供电流和恢复电压的稳定分量影响较小。然而潜供电弧的熄灭与暂态过程关系密切。当故障发生在线路末端时,RRRV 明显减小,导致燃弧时间下降。从图 8.24 可以看出潜供电弧燃弧时间与故障点位置呈 V 形分布,当线路中点故障时,电弧燃弧时间最长,当线路末端故障时,电弧燃弧时间最短,两者均远远小于重合闸动作时间,电流最大值变化趋势和 RRRV 基本一致。

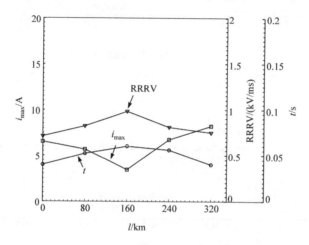

图 8.24　不同故障距离下潜供电弧参数

2. 并联补偿度

并联电抗器主要用于补偿对地电容电流。特高压输电线路补偿度为 60%～90%,潜供电弧的主要参数如图 8.25 所示,从图中可以看到,RRRV 及潜供电弧燃弧时间随着并联补偿度的增加而不断减小,其中恢复电压上升率下降幅度最大,在补偿度为 90% 时,RRRV 达到最小值,潜供电弧燃弧时间仅为 0.06s,在并联补偿度为 60% 时,燃弧时间最长,达到 0.1s。而补偿度的变化对电流影响较小。

3. 均压电容的影响

输电线路长期运行过程中,大气温度可能在 −20～40℃ 变化。线路参数和均压电容 C_G 不可避免地会受到气候条件的影响而发生改变。假设均压电容值在额定值 $C_G=0.5\mu F$ 的 0.9～1.1 倍变化,其结果如图 8.26 所示。从图中可以看到,当偏差 δ 在 ±5% 之间变化时,电弧熄灭时间能被控制在 0.2s(10 个周期)内。但是当均压电容取值偏差超过 ±5% 时,燃弧时间急剧增大,其中相较于均压电容值的减小,增大电容值对潜供电弧燃弧时间影响更大。根据以上分析可得,即使在计

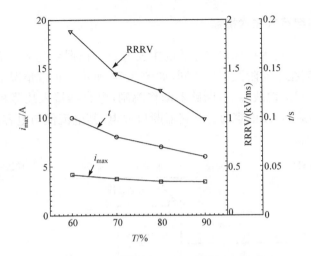

图 8.25 不同并联补偿度下潜供电弧参数

算输电线路的正序电容和零序电容时存在一些偏差或者基于稳态分析得到的最佳电容不够精确,燃弧时间在一定范围内变化不大。工程实践运行时,按照实用性和经济性要求,建议取 0.95～1.05 倍最佳电容值。

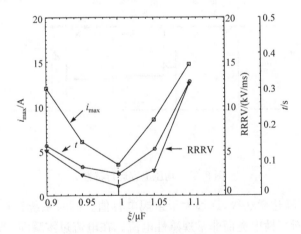

图 8.26 不同均压电容下潜供电弧参数

总之,断路器均压电容抑制电弧效果主要取决于线路长度,几乎与并联电抗器补偿度、故障位置无关。上述的暂态分析表明,在最严重的工况下,最大电弧燃弧时间依然很小,约为 0.2s,根据文献[78],可得到死区时间为 $t+0.25s=0.45s$,远远小于快速重合闸时间,为重合闸预留了大量的时间,上述仿真验证了本方法的有效性。

8.2.6　均压电容运行技术指标

　　均压电容运行技术指标是本方法的主要考量。根据系统运行情况,电容器两端电压以及电流在不同阶段不尽相同,如图 8.27 所示。正常情况下,上述电压和电流均为零;单相接地故障后,断路器动作跳闸,电容器接入故障相,器件快速充电;断路器重合后,均压电容通过断路器断口放电,其电流值与电容器初始电压及其电阻密切有关。

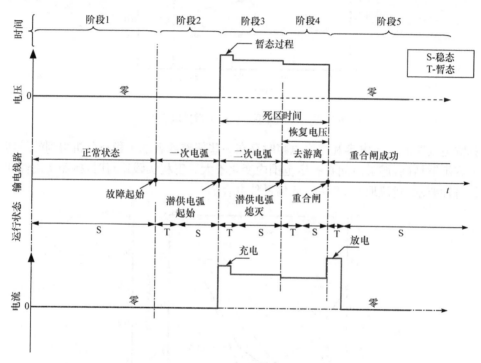

图 8.27　均压电容运行特性

　　均压电容值高达微法级,远远大于常规电容值。同时系统拓扑结构发生了改变,断路器需切断容性电流而非常规感性电流。在电流过零瞬间,若一个断路器发生低频振荡,其触头温度急剧增大,导致电弧产生,振荡可能产生很大的暂态电流。断路器多断口的同步操作是该方法的关键。

8.3　本 章 小 结

　　(1)并联电抗器的配置,涉及无功平衡、过电压抑制、潜供电流补偿、自激过电压以及非全相运行状态下的谐振等因素,是一个多目标的统筹问题,需协调考虑各个单一目标的重要程度、发生概率等，以获取较优的参数配置。建立了同塔多回输电线路的等效耦合模型，适用于任意回数以及多重故障下的分析计算，也可用于多回线路的耦合谐振过电压计算，是并联电抗器参数优化的基础。通过纳入动态电弧电阻模型以分析并联电抗器与中性点小电抗器的优化取值，获得了电弧起始长度、并联电抗器补偿度、故障位置等对燃弧时间的影响规律，由此给出了并联电抗器与中性点小电抗的取值准则。同时指出，当同塔多回输电线路临近回路的工况发生变化时，中性点小电抗的取值应相应改变以实现最优补偿。

（2）基于谐振频率分析法导出了同塔多回输电线路谐振点的定量表达式，可兼顾非全相运行及回路间的电磁耦合。为描述同塔多回输电线路并联电抗器的谐振特征，提出了临界谐振高抗的概念，并给出了其上、下界的计算公式，为避免发生谐振进一步给出了中性点小电抗的优化取值方法。

（3）双端口断路器均压电容对潜供电弧的稳态分量影响很小，但可显著影响潜供电弧的暂态过程，特别是恢复电压上升率，使得燃弧时间缩短，特别是当故障点接近于线路两端时，上述影响更为显著。

（4）可通过提高双断口断路器的电容值以抑制潜供电弧。本章阐述了该抑制措施的拓扑、操作策略和工作原理，并通过仿真计算验证了该方法的有效性。本章提出的方法结构简单，且不需要特殊的保护。均压电容值仅仅取决于输电线路参数，与故障位置、并联电抗器补偿度几乎无关。由于缩短了燃弧时间，可显著提高单相重合闸成功率。由于断路器均压电容值远远大于其常规设定值，可能对断路器的开断性能产生影响，需要进一步的研究。

第9章 复杂工况下的潜供电弧问题

特高压交流同步电网建成后,将实现区域电网的互联和更大范围内的资源优化配置,但是输送功率将显著增长,无功功率也将变化频繁,系统的安全稳定运行面临新的挑战[133,134]。主要表现在:①由于系统阻抗特性及稳定极限的限制,无法满足输送功率显著增长的需求;②限制过电压要求的高补偿度固定高抗,与输送大功率对容性无功的需求形成矛盾。同时采用串补、分级可控高抗的混合无功补偿(hybrid reactive power compensation,HRPC)方式能兼顾输送功率增长和无功功率的调节,是较为理想的解决方案。但串补和分级可控高抗的应用将使特高压无功补偿进一步复杂化,为保证特高压输电线路的安全运行,增强系统的稳定性,需要对其开展深化研究[135-139]。其中,单相接地故障在特高压混合无功补偿作用下可能发生低频振荡,在低频振荡作用下短路电流和潜供电流幅值改变和过零次数减少直接影响潜供电弧燃弧和自熄的物理特性,甚至导致单相自动重合闸失败。为保证特高压输电线路的安全运行和增强系统的稳定性,开展安装特高压混合无功补偿输电线路潜供电弧特性与重合闸策略研究显得尤为必要。

另外,随着我国电网规模的日益扩大、电力系统中负荷的迅速增长以及大容量机组不断投入运行,短路电流过大问题日益严重。安装故障限流器(FCL)是抑制短路电流的最有效措施之一[140-144]。基于常规电气设备或元件的非超导、非电力电子的串联谐振型 FCL,易于实现高压大容量化、运行可靠性高,是解决电网故障限流问题的首选技术,其中氧化锌避雷器式 FCL 经济性较好,有望在超高压电网较早获得使用[143,144]。在超高压输电线路中,70%以上的故障是单相接地故障,而其中约有 80%为暂时性故障[145]。因此,为保证电力系统安全供电和稳定运行,单相自动重合闸技术在国内外电力系统得到了广泛应用。安装有氧化锌避雷器式 FCL 的超高压线路,因 FCL 中串联电容器的存在,可能导致潜供电流中含有幅值较大、衰减较慢的低频分量,造成潜供电弧不易自熄,使单相重合闸成功率降低。

9.1 安装混合无功补偿特高压输电线路潜供电弧特性与重合闸策略

特高压系统中安装 HRPC 对潜供电弧的影响,并非串补与可控高抗对潜供电弧特性影响的简单叠加,潜供电弧的熄灭仍是影响系统稳定运行的技术难题。本节结合串补的特殊结构,提出串补旁路断路器与单相重合闸配合时序,运用可控高抗与中性点小电抗联动控制的方法,开展 HRPC 安装前后潜供电弧抑制效果的仿真建模研究。为 HRPC 推广建立必备的理论基础和技术支撑,同时也发展安装 HRPC 特高压输电线路潜供电弧抑制方法,完善单相重合闸技术。

9.1.1　混合无功补偿关键元件及结构组成

HRPC 包括串补装置和可控高抗,其结构组成如图 9.1 所示。其中,串补由电容器组、氧化锌避雷器、火花间隙、旁路断路器和阻尼装置组成。正常运行时,只有电容器组投入运行。氧化锌避雷器为电容器组的过电压主保护,火花间隙为氧化锌避雷器的过热保护,旁路断路器是系统检修、调度的必要装置,同时也为火花间隙去游离提供必要条件;阻尼回路则用于限制电容器放电电流,防止电容器组、火花间隙、旁路断路器在放电过程中损坏[146]。

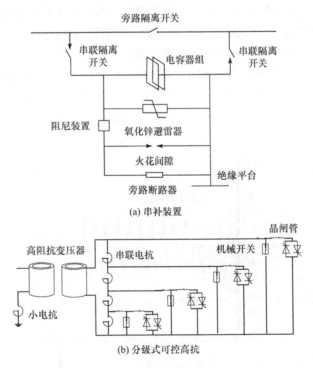

(a) 串补装置

(b) 分级式可控高抗

图 9.1　混合无功补偿结构组成

分级可控高抗由高阻抗变压器、串联电抗、机械开关和晶闸管组成。高阻抗变压器包含原边和副边绕组,副边接有串联电抗,通过晶闸管和机械开关改变接入串联电抗的数量以分级调节容量。晶闸管完成可控高抗容量的快速调节,机械开关用于稳态运行时的旁路,以简化晶闸管的冷却系统[147]。

系统模型中 HRPC 布置方式如下:线路始末两端分别安装可控高抗,其补偿度分别设定为 44%,两个补偿度为 20% 的串联补偿装置分别布置在线路两端。系统电源母线电压为 1087kV,三相短路容量为 50000MV·A。输电线路主要参数参考晋东南—南阳—荆门特高压交流试验示范工程。

9.1.2　混合无功补偿对潜供电弧影响仿真分析

若特高压线路配置 HRPC,其储能元件与线路中电感电容将产生不同频率的谐振,影响潜供电流和恢复电压上升率,从而影响重合闸的成功率。

针对单相接地故障发生在线路中点时的情况进行研究,利用电磁暂态程序对 HRPC 安装前后特高压输电线路潜供电弧仿真。将补偿度为 88% 的并联电抗器布置在线路两端,补偿度为 20% 的串联电容器分别布置在并联电抗器的线路侧。压控开关放电间隙和旁路断路器,在正常工作时处于断开状态,当接收电压控制信号后闭合并配合重合闸开断。为有效抑制潜供电弧,当分级可控高抗接入值改变时,中性点小电抗值随之调节至最优补偿值。设潜供电弧阻值为 10Ω,线路两端断路器于 t_0 时刻,即 0.1s 时相继跳闸切断故障。

根据图 9.2,线路安装 HRPC 时,在 t_1 时刻(0.1s)断路器打开,短路电弧于 t_2 时刻(0.11s)熄灭,此时潜供电弧出现。从 t_2 时刻开始潜供电弧经历熄灭—重燃—熄灭的反复过程,最终于 t_3(0.218s)时刻熄灭,$t_2 \sim t_3$ 即潜供电弧的熄灭时间,即燃弧时间。

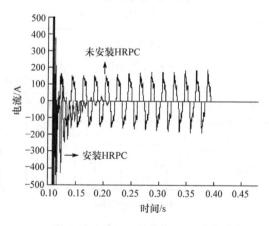

图 9.2　安装 HRPC 前后单相接地故障电流波形

由图 9.2 中安装 HRPC 的波形可知,潜供电流工频分量叠加了直流分量和经约两个工频周期后迅速衰减的低频振荡分量。无补偿的潜供电流波形呈拍频特性,近似为几个不同频率周期分量的叠加。考虑到仿真模型中串补布置在可控高抗线路侧,且故障发生在线路中点,当断路器开断后,电容残留电荷通过串补电容器与并联高抗及电弧通道组成的回路放电引起振荡。潜供电流中直流和低频分量的存在导致电流过零点次数减少,增加了电弧自熄的难度。为探究各频率分量对潜供电弧的影响,有必要对 HRPC 安装前后潜供电流进行傅里叶分析。

傅里叶分析得到的各频率分量值如表 9.1 所示。当线路安装 HRPC 后,潜供电流工频分量值由 250.8A 骤降到 18.6A,同时出现幅值 67.9A 的直流分量和100.9A 的低频分量。潜供电弧初次熄灭后,当故障处恢复电压的幅值高于介质恢复电压时,潜供电弧重燃,可能会导致重合闸失败。因此,恢复电压上升率也是反映潜供电弧熄灭与重燃机制的重要参数。图 9.3 为安装 HRPC 前后单相接地故障处的恢复电压波形。

表 9.1　傅里叶分析得到的各频率分量值

参数	工频分量/A	直流分量/A	低频分量/A
安装 HRPC	18.6	67.9	100.9
未安装 HRPC	250.8	0	0

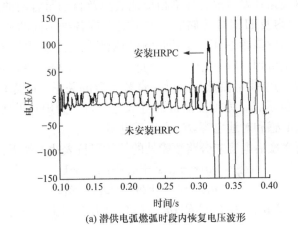

(a) 潜供电弧燃弧时段内恢复电压波形

(b) 潜供电弧起始恢复电压放大波形

图 9.3　安装 HRPC 前后单相接地故障处电压波形

　　根据图 9.3(b)中的仿真波形可知,单相瞬时性故障恢复电压峰值在安装 HRPC 后,潜供电弧起始恢复电压峰值由未安装时的 25.7kV 下降为 13.8kV,对应的恢复电压上升率也由 0.415kV/μs 下降为 0.231kV/μs。通过图 9.3(a)波形可以发现,随着燃弧时间的增加,安装 HRPC 线路故障点恢复电压上升率不断减小,并在 0.15s 左右达到最小值后又不断增加。电弧通道介质绝缘强度的恢复速度随着时间的增加也不断增大,当其在某一电流过零时刻超过恢复电压上升率时电弧将完全熄灭。而未安装 HRPC 的线路故障点恢复电压上升率始终较大,且呈线性增加的趋势。安装 HRPC 后特高压线路潜供电流和恢复电压上升率均小于无补偿线路,据仿真波形可知线路安装 HRPC 时潜供电弧经 0.108s 完全熄灭,相比于未安装 HRPC 时的 0.289s 缩短一半以上。可见在示范工程中,特高压输电线路安装 HRPC 后更有利于电弧的熄灭。

9.1.3　混合无功补偿对潜供电弧低频振荡影响机理

　　特高压输电线路在发生瞬时性单相接地故障及自动重合闸的过程中,其中的线路电抗、对地电容及 HRPC 等储能元件可能形成各种不同的振荡回路,决定了输电线路开断后的振荡频率,影响潜供电流的幅频特性。为更深入地分析潜供电流低频分量的产生机理,可采用拉普拉斯变换法对故障相切除后的等效阻抗电路求解,以获得串补与潜供电流低频分量和衰减系数的关系。故障切除后的暂态等效电路如图 9.4 所示,L_R 为可控高抗的等效电抗,C_C 为串补的等效电容,L_0、C_0 分别为线路等效电感和对地电容,R_g 为弧道电阻。

　　经拉普拉斯变换后电容未旁路故障处的等效阻抗表达式如下:

$$Z_g = \frac{a_4 s^4 + a_3 s^3 + a_2 s^2 + a_1 s + 1}{b_5 s^5 + b_4 s^4 + b_3 s^3 + b_2 s^2 + b_1 s} \tag{9-1}$$

其中,$a_4 = L_R L_0 C_C C_0$;$a_3 = L_R C_C C_0 R_0$;$a_2 = L_R C_C + L_0 C_0 + L_0 C_C$;$a_1 = C_0 R_0 + C_C R_0$;$b_1 = 4C_0 + 2C_C$;$b_2 = 2C_0^2 R_0 + 2C_C C_0 R_0$;$b_3 = 4L_R C_C C_0 + 2L_0 C_C^2 + 2L_0 C_R C_0$;$b_4 = 2L_R C_C C_0^2 R_0$;$b_5 = 2L_R L_0 C_C C_0^2$。

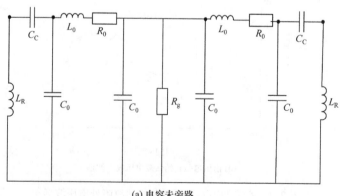

(a) 电容未旁路

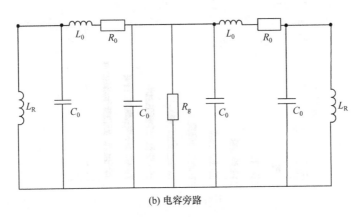

(b) 电容旁路

图 9.4　HRPC 单相接地故障等值电路

由表达式可知,自由振荡频率由高阶方程式决定:

$$b_5 s^5 + b_4 s^4 + b_3 s^3 + b_2 s^2 + b_1 s = 0 \qquad (9\text{-}2)$$

按上述方法,也可得到电容旁路时的阻抗表达式。两种情况下自然振荡频率及对应衰减系数如表 9.2 所示。

表 9.2　潜供电弧低频分量及衰减系数

情况	s 的解	低频分量频率/Hz	衰减系数
电容未旁路	$s_1, s_2 = -0.056 \pm \mathrm{j}118.59$ $s_1, s_2 = -4.638 \pm \mathrm{j}2487.15$	18.9	0.056
电容旁路	$s_1, s_2 = -0.091 \pm \mathrm{j}190.14$ $s_1, s_2 = -4.607 \pm \mathrm{j}1401.36$	30.3	0.091

通过表 9.2 可知,系统安装 HRPC 时,当串补电容被旁路时潜供电流中有频率为 30.3Hz 左右的低频分量,高于电容未旁路时的情况。由此可知,在潜供电弧未熄灭前串补电容器组的旁路会引起低频振荡频率上升,且衰减速度更快,有利于电弧熄灭。

9.1.4　影响潜供电弧特性的因素

1. HRPC 补偿度对潜供电流和燃弧时间的影响

特高压输电线路中除串补补偿度之外的其他参数都不发生变化,在输电线路中点处发生单相接地故障时,在不同串补补偿度的情况下潜供电流和燃弧时间的变化曲线如图 9.5 所示。

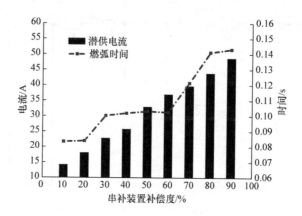

图 9.5　潜供电流和燃弧时间随串补补偿度变化的曲线

　　据图 9.5 可知,潜供电弧的燃弧时间在补偿度为 10%～90%呈现阶梯形增加的趋势,且此时在补偿度为 90%时燃弧时间最长,约需要 0.142s。而随着串补度的增加,潜供电流大小近似呈现线性增加的趋势,说明串补补偿度越高,潜供电流越难熄灭。综合考虑潜供电流值和潜供电弧燃弧时间随串补补偿度变化的趋势,可知当电网实际运行过程中串补补偿度较高时,应考虑潜供电弧熄灭对单相重合闸的影响,必要时应根据需要合理整定重合闸时间以保证断路器顺利动作。

　　可控高抗可以补偿线路正常运行时的分布电容,单相瞬时性接地故障发生后,加装中性点小电抗的可控高抗改变了潜供电弧的电气特征量。在中性点小电抗保持不变的情况下,潜供电流和燃弧时间随可控高抗补偿度变化的曲线如图 9.6所示。

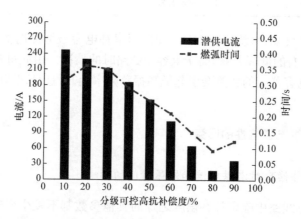

图 9.6　潜供电流和燃弧时间随高抗补偿度变化的曲线

　　据图 9.6 可知,潜供电流的数值随可控高抗的补偿度的增加呈现先线性减小后增加的趋势,在 15～260A 的范围内变化,补偿度为 80%时幅值最小。与随串补补偿度变化的潜供电流相比,可控高抗补偿度变化时,潜供电流的变化范围更大。补偿度变化 10% 时潜供电流幅值改变约 30A,远高于同样补偿度变化下串补对潜供电流的影响。潜供电弧燃弧时间的变化趋势与潜供电流的大小变化趋势大部分一致,潜供电弧的燃弧时间随着分级可控高抗补偿度先增大后减小,在补偿度到达 80% 时达到最小值而后上升,燃弧时间在 0.09～0.37s 变化。

2. 中性点小电抗对潜供电弧的影响

目前国内外普遍采用并联电抗器安装中性点小电抗的补偿方式,来达到抑制潜供电弧的目的。由于可控高抗接入系统的电抗值根据系统状态而变,中性点小电抗应跟随可控高抗的电抗值进行调节。在实际情况中,为避免串联谐振过电压,通常按并联电抗器值的 1/3 来选取。

为得到中性点小电抗值对潜供电弧的影响规律,保持线路混合无功补偿装置补偿度恒定,在 300～1100mH 选择不同的电抗值进行仿真,得到了潜供电流直流分量、工频分量和燃弧时间与中性点小电抗的关系,如图 9.7 所示。

由图 9.7(a) 可见,潜供电流的直流分量、工频分量、燃弧时间的变化规律相似,均在中性点小电抗为 700mH 左右(约为可控高抗电感的三分之一)时幅值最小。其中,潜供电流工频分量的变化幅度要高于直流分量。在最佳中性点小电抗值附近,潜供电流工频电流值仅为 1.7A,需 0.0407s 电弧就可顺利熄灭。图 9.7(b) 给出了中性点小电抗取 400mH、700mH、1000mH、2000mH 时的电弧变化情况。小电抗取值与 700mH 差距越大,潜供电弧振荡和燃弧时间就越大。综上所述,配合可控高抗补偿度选取合理的中性点小电抗可实现对潜供电弧的良好抑制。

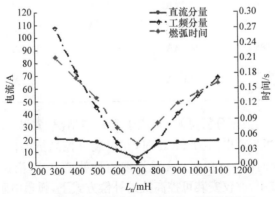

(a) 中性点小电抗与直流分量、工频分量、燃弧时间关系

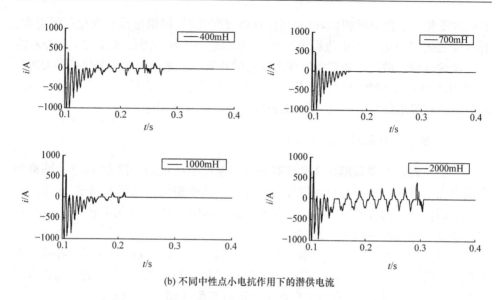

(b) 不同中性点小电抗作用下的潜供电流

图 9.7　不同中性点电抗值对潜供电弧特性的影响规律

3. 弧道电阻对潜供电流特性的影响

　　除了混合无功补偿度、中性点小电抗之外,弧道电阻的取值对潜供电流也有较大影响。表 9.3 给出了在不同补偿方式下的弧道电阻与潜供电流关系。

表 9.3　弧道电阻与潜供电流的关系

补偿方式	补偿度	弧道电阻			
		100Ω	200Ω	300Ω	400Ω
无补偿	0	244.4A	222.2A	196.8A	172.9A
仅串补	20%	310.9A	279.8A	246.4A	215.7A
仅可控高抗	88%	147.4A	85.55A	10.5A	9.85A
混合无功补偿	串20% 并88%	110.2A	49.9A	18.1A	12.2A

　　通过表 9.3 中的数据分析可知,相比于无补偿情况,安装 HRPC 后潜供电流得到有效的抑制,当弧道电阻为 400Ω 时,在仅装可控高抗的情况下,潜供电流最高可限制到无补偿时的 7% 左右。无论选取何种补偿方式,潜供电流始终随着弧道电阻的增加而减小,在仅安装可控高抗的补偿方式下,弧道电阻对潜供电流的抑制效果最佳。潜供电流在仅安装有可控高抗的系统中随弧道电阻增加的衰减速度最快,当线路中仅安装串补时,线路的等效阻抗降低,相对无补偿时,潜供电流幅值变大,在一定条件下增加了灭弧难度。

4. 接地故障位置对潜供电弧特性的影响

实际情况中,线路上故障发生的位置是不确定的,为了得到不同故障位置时潜供电弧的特性,分别对故障发生在首端、1/8 处、2/8 处、3/8 处、中点时的五种情况进行仿真,得到结果如表 9.4 所示。

表 9.4　故障位置对潜供电流及瞬态恢复电压的影响

故障位置	潜供电流/A	瞬态恢复电压/kV
首端	32.77	84.6
1/8 处	29.52	76.4
2/8 处	23.51	73.5
3/8 处	19.31	72.0
中点	18.09	71.2

通过表 9.4 的仿真结果可知,单相接地故障发生位置距离线路中点越近,潜供电流越小,由 32.77A 降至 18.09A,故障点恢复电压值与潜供电流的变化规律相似,但变化幅度比潜供电流小,由 84.6kV 降至 71.2kV,潜供电流与瞬态恢复电压皆在中点处达到最小值。这是由于当线路首端发生单相接地故障时,与纵向感应电动势关系密切的电磁感应分量将达到最大值,而在线路中点时由于电动势抵消将达到最低值。因此,在线路两端发生单相短路接地故障将出现最严重的情况。为了保证系统的安全运行,要对首端进行重点保护,减少接地故障的发生。

9.1.5　混合无功补偿中旁路断路器与主断路器单相重合闸配合策略

特高压线路故障发生后继电保护及时动作切除故障,主断路器在故障切除后自动重合闸,潜供电弧能否在重合闸整定时间内顺利熄灭将直接决定重合闸的成功与否。串补装置中的旁路断路器是控制串联电容器组投入或退出的重要装置。故障发生后,串补中无灭弧能力的触发间隙动作后极易被击穿,旁路断路器的及时可靠动作对装置的安全运行极其关键。考虑到旁路断路器的存在改变了故障时电流的流通路径,可能对潜供电弧造成影响。应针对单相瞬时性故障时串补旁路断路器未动作情况下,旁路断路器开断时间对潜供电弧特性的影响展开研究。

接地故障发生后,串补旁路断路器收到保护控制信号立即闭合,现提出旁路断路器与主断路器同时断开(策略 A)、潜供电弧熄灭后断开(策略 B)两种控制策略来做对比。利用电磁暂态程序对上述两种情况进行仿真,结果表明策略 B 潜供电弧燃弧时间仅为 0.103s,较策略 A 时的 0.148s 缩短约 30.4%,对应潜供电流幅值也由 21.18A 下降为 16.87A。正是由于策略 A 情况下串补中的阻尼装置在旁路断路器打开的同时会被切除,而不能起到限制放电回路中电流的作用,使潜供电流衰减变慢。因此,通过两种策略下潜供电弧特性关键参数的比较可知,利用策略 B 可以限制潜供电流的幅值,缩短燃弧时间,从而为潜供电弧的快速熄灭提供条件。基于策略 B 提出 HRPC 旁路断路器与单相自动重合闸配合时序如表 9.5 所示。

表9.5　旁路断路器与单相自动重合闸配合时序

时序	与前一时刻间隔/s	过程说明
t_0		系统发生单相接地故障
t_1	0.002	MOV 达到动作电压使串补电容器短接
t_2	0.002	线路联动串补保护发出控制信号闭合旁路断路器 K
t_3	0.02	继电保护装置动作,主断路器分闸线圈受电
t_4	0.04	故障相主断路器触头分开,分闸电阻投入,故障被隔离
t_5	0.02	主断路器分闸电阻退出,系统与故障电阻完全隔离,故障点电弧开始自熄
t_6	0.2	潜供电弧熄灭,放电间隙去游离,弧道绝缘特性恢复至正常状态,监控系统发出信号使旁路断路器 K 断开
t_7	0.05	旁路断路器 K 动作,串补电容重新投入运行
t_8	0.04~0.06	故障点电弧去游离过程结束
t_9	0.1	故障相主断路器收到合闸信号,合闸线圈充电
t_{10}	0.2~0.25	主断路器合闸,接触点之间出现击穿(若是系统两端击穿时间不一致,指的是最快出现击穿的一端),合闸电阻立即开始工作
t_{11}	0.02	断路器主触头闭合,合闸电阻退出运行,系统恢复正常运行

综合考虑,当特高压输电线路安装 HRPC 后,采用潜供电弧燃弧结束后断开旁路断路器与单相重合闸配合的控制策略有利于潜供电弧更快熄灭,降低了因潜供电弧未完全熄灭导致重合闸失败的概率。同时参考图 9.6 仿真结果,建议在串补补偿度较高(大于 60%)时,适当增加潜供电弧自熄的参考时间 t_6。在潜供电弧一般抑制措施的基础上,利用单相自动重合闸与 HRPC 旁路断路器配合的策略为潜供电弧的快速熄灭提供了条件,使单相自动重合闸整定时间得到进一步缩短,提高了特高压系统的暂态稳定性。

9.2　安装故障限流器的输电线路潜供电弧特性与重合闸策略

本节基于 EMTP 电磁暂态仿真及等值分析电路,针对安装氧化锌避雷器式 FCL 的 500kV 输电线路的潜供电弧特性,提出氧化锌避雷器式 FCL 与单相自动重合闸的配合策略。

9.2.1　氧化锌避雷器式故障限流器简介

氧化锌避雷器式 FCL 拓扑如图 9.8 所示。系统正常工作时,电抗器 L_f 与电容器 C_f 发生串联谐振。系统发生短路故障时,氧化锌避雷器立即动作将电容器短接,从而将电抗器 L_f 串入系统,达到限制短路电流的目的。火花间隙 G 为氧化锌避雷器的过热保护,旁路断路器 K 是系统检修、调度的必要装置,同时也为火花间隙去游离提供必要条件。FCL 的控制系统可触发可控放电间隙 G 并命令旁路断路器 K 快速闭合[143]。

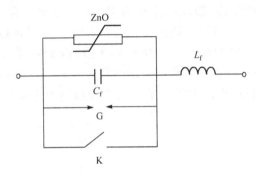

图 9.8　氧化锌避雷器式 FCL 拓扑组成

9.2.2　超高压输电系统分析模型

500kV 等级的线路,由于电压等级高、线路长、容量大,易造成潜供电弧持续燃烧时间较长,甚至有时不能自熄,无法可靠地实现单相自动重合闸[12]。为限制潜供电流,一般在线路首末两端安装中性点加小电抗的并联电抗器。图 9.9 为一安装有氧化锌避雷器式 FCL 的超高压输电线路模型,线路首末两端并联电抗器和线路参数均来源于我国华南某 500kV 超高压输电系统[145],其线路参数为:$R_1 = 0.0195\Omega/\text{km}$,$R_0 = 0.1675\Omega/\text{km}$,$L_1 = 0.9134\text{mH}/\text{km}$,$L_0 = 2.719\text{mH}/\text{km}$,$C_1 = 0.014\mu\text{F}/\text{km}$,$C_0 = 0.00834\mu\text{F}/\text{km}$。

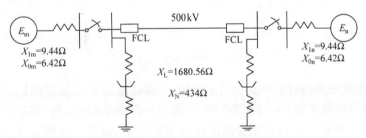

图 9.9　安装 FCL 的 500kV 输电系统

9.2.3 旁路断路器断开时间对潜供电流的影响

安装氧化锌避雷器式 FCL 的超高压输电线路,在单相接地故障切除后,为保证 FCL 的可靠恢复,需断开旁路断路器 K,而此时电容器 C_f 通过短路点电弧和并联电抗器组成的回路将发生自由振荡,使潜供电弧参数特性更加复杂,从而影响单相重合闸操作。针对此问题,本章分析发生单相接地故障时旁路断路器不同断开时间对潜供电流的影响,并在此基础上研究 FCL 旁路断路器与自动重合闸的配合策略。

对图 9.9 所示的线路,假设线路始端发生单相接地故障,弧道电阻为 25Ω,FCL 限流电抗为 7.85Ω。设故障发生在 t_0 时刻,经过 0.075s 后,在 t_1 时刻两端断路器跳开。假定以 t_1 时刻作为时间坐标的零点,即 $t=0$ 时,短路故障被切除。图 9.10 是旁路断路器 K 分别在线路断路器跳开时刻(0s 时刻)断开、潜供电弧燃烧过程中(0.1s 时刻)断开、动作后一直闭合以及线路上未安装 FCL 时,潜供电流的 EMTP 仿真波形。

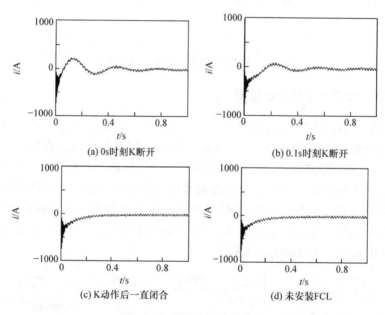

图 9.10　潜供电流仿真波形

潜供电流波形的傅里叶分析结果表明,旁路断路器 K 在线路断路器跳开时刻断开时,潜供电流主要是一个低频($f=3.25$Hz)衰减的放电电流,幅值高达 225A,如图 9.10(a)所示。0.1s 时刻旁路断路器 K 断开时,潜供电流幅值高达 100A,如图 9.10(b)所示。因此,若旁路断路器在潜供电弧自熄之前断开,潜供电流中将主要存在两种振荡频率(工频和低频),其低频分量将使电流过零次数减少,从而可能使潜供电弧难以熄灭,降低单相重合闸成功率。若短路故障发生后旁路断路器在潜供电弧燃烧过程中一直处于闭合状态,如图 9.10(c)所示,则潜供电流中主要含有指数衰减的非振荡电流和工频分量,与图 9.10(d)中未安装限流器的情况相比,潜供电流的组成分量基本一致,潜供电流中没有低频暂态分量。

　　潜供电弧与故障位置、气象条件以及绝缘子串长度等因素有关,弧道电阻一般不具有确定值。因此,有必要讨论不同弧道电阻情况下,FCL 动作特性对潜供电流熄灭特性的影响。设 FCL 动作后旁路断路器在潜供电弧燃烧过程中一直处于闭合状态,仿真系统如图 9.9 所示。以线路两端断路器跳开时的故障切除时刻作为时间坐标零点,即 $t=0$;取弧道电阻分别为 25Ω、50Ω、100Ω、300Ω,潜供电流仿真波形如图 9.11 所示。

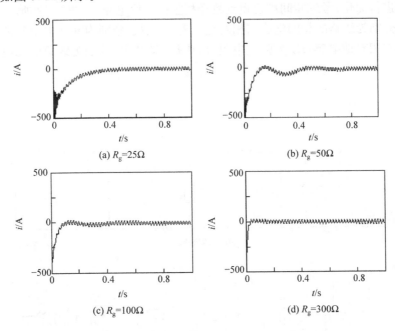

图 9.11　不同弧道电阻下的潜供电流波形

　　由图 9.11 可知,当弧道电阻增大到一定数值时,潜供电流波形中出现了低频分量。经分析发现,即使控制 FCL 动作后旁路断路器在潜供电弧燃烧的过程中一直闭合,仍会产生潜供电流低频分量,其原因是输电线路较长和弧道电阻较大造成短路电流较小,导致线路末端的 FCL 未动作,其旁路断路器无法闭合,从而无法短接线路末端 FCL 中的串联电容器。由此可见,为消除低频分量对潜供电弧熄灭特性的影响,确保潜供电弧可靠自熄,必须采取控制措施以确保在潜供电弧燃烧过程中,线路两端的旁路断路器 K 都能可靠闭合以短接 FCL 的电容器 C_f。

9.2.4　潜供电流低频分量的产生机理分析

超高压输电线路存在线路电抗、并联电抗器及线路对地电容及相间电容,在发生单相短路故障及自动重合闸的过程中,这些电感和电容元件可能形成各种不同的振荡回路,并决定线路的自振频率。系统安装 FCL 后,FCL 中包含的电感和电容元件改变了系统的自振频率,从而会对潜供电流产生影响。为从理论上清楚认识潜供电流低频分量的产生机理,本章采用拉普拉斯变换法求解故障相切除后的等效阻抗电路,以获取潜供电流的自然振荡频率和衰减系数,并与电磁暂态仿真结果进行比较。

假设线路某处发生了单相接地短路故障,当两端断路器跳开后,可采用集中参数模型进行简化,考虑相间耦合得到故障相阻抗等值电路,如图 9.12 所示。图中,C_m、C_0 分别为线路的相间电容与相对地电容,L_m、L_0 分别为并联电抗器的等效相间电感与相对地电感,R_g 为弧道电阻,L_1+L_2、R_1+R_2 分别为线路的总电感和总电阻。

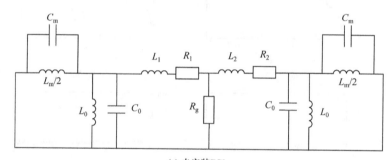

(a) 未安装FCL

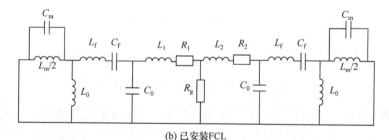

(b) 已安装FCL

图 9.12　故障相等值电路

对图 9.12(a)所示回路,通过拉普拉斯变换,可求得故障处的等效阻抗,进而可知其自然振荡频率由高阶方程式(9-3)决定:

$$a_1 s^6 + a_2 s^5 + a_3 s^4 + a_4 s^3 + a_5 s^2 + a_6 s + a_7 = 0 \tag{9-3}$$

对图 9.12(b)所示回路,系统中安装了 FCL,两端断路器跳开时,旁路断路器

K 随之打开,其自然振荡频率由高阶方程式(9-4)决定:

$$a_1 s^{12} + a_2 s^{11} + a_3 s^{10} + a_4 s^9 + a_5 s^8 + a_6 s^7 + a_7 s^6 + a_8 s^5 + a_9 s^4 + a_{10} s^3 + a_{11} s^2 + a_{12} s + a_{13} = 0 \tag{9-4}$$

如果故障相两端断路器断开后,FCL 旁路断路器一直处于闭合状态,则其自然振荡频率由高阶方程式 (9-5) 决定:

$$a_1 s^{10} + a_2 s^9 + a_3 s^8 + a_4 s^7 + a_5 s^6 + a_6 s^5 + a_7 s^4 + a_8 s^3 + a_9 s^2 + a_{10} s + a_{11} = 0 \tag{9-5}$$

式(9-3)~式(9-5)解的一般形式为 $s = \delta + j\omega_0$, δ 为衰减系数, $\omega_0 = 2\pi f_0$ 为自然振荡频率。

按上述方法,对图 9.9 所示的 500kV 输电线路,分别计算线路首端($a_1 = 0$)和中点故障($a_1 = 1$)时潜供电流的自然振荡频率和衰减系数,如表 9.6、表 9.7 所示。

表 9.6　线路首端故障时潜供电流的自然振荡频率与衰减系数

未安装 FCL		安装 FCL			
		K 打开		K 闭合	
		s_1	-25814.4	s_1	-3.12723
s_1	-3.14263	s_2, s_3	$-0.11 \pm j9304.42$	s_2	-16.1971
s_2	-16.2676	s_4, s_5	$-474.50 \pm j7848.09$	s_3	-25814.3
s_3	-18420.5	s_6, s_7	$-36.46 \pm j751.67$	s_4, s_5	$-0.11 \pm j9299.14$
s_4, s_5	$-36.53 \pm j751.87$	s_8, s_9	$-1.62 \pm j21.93$	s_6, s_7	$-474.56 \pm j7841.61$
		s_{10}, s_{11}	$-8.025 \pm j18.963$	s_8, s_9	$-36.45 \pm j751.63$

表 9.7　线路中点故障时潜供电流的自然振荡频率与衰减系数

未安装 FCL		安装 FCL			
		K 打开		K 闭合	
		s_1, s_2	$-0.15 \pm j9316.05$	s_1	-5.48406
s_1	-5.50925	s_3, s_4	$-0.41 \pm j9316.05$	s_2	-14.656
s_2	-14.7235	s_5, s_6	$-27.92 \pm j1018.58$	s_3, s_4	$-0.16 \pm j9310.79$
s_3, s_4	$-28.06 \pm j1019.86$	s_7, s_8	$-74.48 \pm j1015.31$	s_5, s_6	$-0.41 \pm j9310.79$
s_5, s_6	$-74.84 \pm j1016.57$	s_9, s_{10}	$-2.74 \pm j21.05$	s_7, s_8	$-27.92 \pm j1018.44$
		s_{11}, s_{12}	$-7.31 \pm j19.95$	s_9, s_{10}	$-74.46 \pm j1015.18$

对表 9.6 与表 9.7 中的计算结果进行拉普拉斯逆变换可知,安装 FCL 后,无论线路始端还是中点发生单相接地短路故障,旁路断路器 K 打开,FCL 的电容器串入线路,都会造成潜供电流中含有频率约为 3Hz 的低频分量,且该低频分量衰减较慢,可能导致潜供电弧难以自熄,从而使单相重合闸的成功率降低。表 9.6 所示的低频分量振荡频率及衰减系数,与仿真得到的潜供电流波形(图 9.10)的傅里叶分析结果基本一致。通过进一步推导和计算可知,该低频分量的振荡角频率由式(9-6)决定:

$$\omega_0 \approx 1 \bigg/ \sqrt{\frac{L_0 L_m / 2}{(L_0 + L_m / 2)} \cdot C_f} \tag{9-6}$$

由式（9-6）可见，该低频振荡角频率主要与 FCL 电容器 C_f 以及线路的并联电抗器有关，同时受线路参数和二次电弧特性影响。FCL 电容器的存在改变了故障相参数分布，由于电容器 C_f 是一个储能元件，在线路两侧断路器跳开后，C_f 中的储能通过并联电抗器和接地电弧放电，从而产生低频振荡。

由表 9.6、表 9.7 的计算结果可知，在潜供电弧燃烧过程中，保持旁路断路器 K 一直闭合，短接 FCL 电容器能够有效消除潜供电流的低频分量，从而不影响单相重合闸操作。因此本节提出，可通过继电保护装置实现对旁路断路器的控制，在继电保护发出断路器开断信号的同时，发送信号闭合 FCL 的旁路断路器。FCL 旁路断路器的合闸时间快于线路断路器的开断时间，从而可保证 FCL 旁路断路器在潜供电弧燃烧的过程中一直处于闭合状态。

9.2.5　含限流器的线路单相重合闸操作

在超高压输电线路中，潜供电流一般包括健全相电磁感应产生的工频分量和呈指数衰减的非周期分量。因指数分量衰减相对较快，人们在研究潜供电流与燃弧时间的关系时，一般都采用工频基波分量。同时，根据潜供电弧工频特性的大量试验结果，制定了潜供电弧自灭电流限值的相关标准，实际运行经验表明这种做法是有效的[55]。如前所述，当超高压线路中安装氧化锌避雷器式 FCL 后，潜供电流中除感应的工频分量外，还可能存在幅值衰减的低频分量，导致过零次数减少，致使潜供电弧难以熄灭。因国内外尚无专门针对潜供电流低频分量特性的试验研究结果，所以当线路中安装 FCL 后，潜供电流快速自灭的电流限值标准是否有效，还有待于进一步研究。就本章的分析结果而言，通过控制旁路断路器 K 来消除潜供电流中的低频分量是一种比较可行的方法。

对 FCL 旁路断路器的控制，涉及与单相重合闸操作的时间配合问题，必须保证旁路断路器的动作不影响单相重合闸的正常时序。基于此原则并参考单相重合闸的实际整定时间，提出了氧化锌避雷器式 FCL 与单相重合闸的配合控制策略，如表 9.8 和图 9.13 所示。

表 9.8　氧化锌避雷器式 FCL 与单相自动重合闸配合时序

时序	时间间隔/s	过程说明
t_0		系统发生单相接地故障
t_1	0.002	MOA 达到参考电压，动作并短接电容 C，限流电抗 L 投入限流
t_2	0.002	FCL 监控系统发出信号触发可控间隙 G，同时发送信号闭合旁路断路器 K
t_3	0.016	继电保护装置动作，发送信号闭合 FCL 旁路断路器 K，断路器分闸线圈受电
t_4	0.024	旁路断路器 K 闭合（该 FCL 已动作）或者再过 0.016s 闭合（该 FCL 未动作）
t_5	0.016~0.036	线路两端断路器分闸，主触头断开，熄弧，系统短路被切除
t_6	0.02	断路器的分闸电阻断开，系统与故障线路完全隔离，潜供电弧进入自灭时期

续表

时序	时间间隔/s	过程说明
t_7	0.2	潜供电弧自灭瞬间,同时发送信号断开旁路断路器 K
t_8	0.045	旁路断路器 K 断开
t_9	0.015	潜供电弧弧道去游离时期终了
t_{10}	0.1	断路器接到合闸信号,合闸线圈受电
t_{11}	0.2~0.25	断路器合闸,触头间发生击穿(如果两端断路器不同步, 指最先发生击穿的开关),合闸电阻投入
t_{12}	0.02	断路器主触头闭合,合闸电阻被短路退出,系统重新供电,恢复正常
合计	0.66~0.73	整个单相重合闸时间

图 9.13 所示的时标中,从发生故障到保护装置动作 t_0~t_3 为 0.02s;从发生故障到系统与故障线路完全隔离 t_0~t_6 为 0.08~0.1s;旁路断路器的闭合时间 t_2~t_4 或 t_3~t_4 为 0.04s;断路器的开断时间 t_3~t_5 为 0.04~0.06s;潜供电弧的预期最大燃弧时间 t_6~t_7 为 0.2s;旁路断路器的开断时间 t_7~t_8 为 0.045s;断路器的重合时间 t_{10}~t_{11} 为 0.2~0.25s;t_0~t_{12} 的整个时间为 0.66~0.73s,即单相重合闸时间。

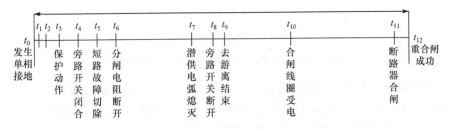

图 9.13　FCL 与单相重合闸的配合时序

为更有效地模拟单相自动重合闸的具体过程,并验证上面提出的 FCL 与单相重合闸配合操作时序的可行性,利用 EMTP 的 TACS 模块引入较准确的故障电弧模型[78]进行了仿真研究。假设系统始端在 0.025s 时刻发生单相接地短路故障,开始产生一次故障电弧,线路两端断路器于 0.1s 时刻跳开,电弧电流过零时熄灭,0.8s 时刻断路器重合闸完成。基于本章提出的重合闸配合策略,针对线路出口处发生单相短路故障的情形,对图 9.9 所示系统进行了仿真,故障处潜供电流和电压仿真波形如图 9.14 和图 9.15 所示。

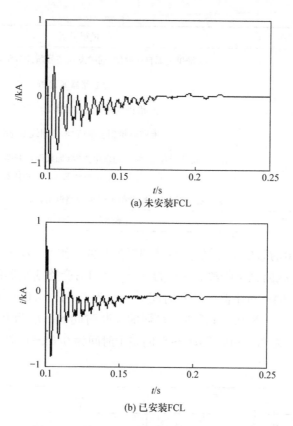

(a) 未安装FCL

(b) 已安装FCL

图 9.14　单相瞬时性故障潜供电流仿真波形

　　系统未安装 FCL 时,潜供电流工频分量约为 12.99A,潜供电弧在 0.22s 时熄灭;安装 FCL 后,潜供电流工频分量约为 11.62A,潜供电弧在 0.21s 熄灭。可见,安装 FCL 后并采用前述的重合闸配合策略,不仅使潜供电流中没有低频分量,且能够加速潜供电流的暂态过程,减小潜供电流工频分量的数值,缩短潜供电弧的燃弧时间,有利于单相自动重合闸。另外,无论线路中是否安装 FCL,在潜供电弧燃烧初期,线路电容与并联电抗器会形成振荡回路,导致潜供电流中含有幅值较大但衰减较快的高次谐波,这与表 9.6 中的分析结果一致,该分量主要取决于线路固有参数。

　　图 9.15 为故障点处的电压波形。结合图 9.14 的潜供电流波形,并比较图 9.15(a)、(b) 可知,采用前述的重合闸配合策略,系统中安装 FCL 时,可缩短潜供电弧的燃弧时间,而故障点电压的变化规律与未安装 FCL 时基本一致。

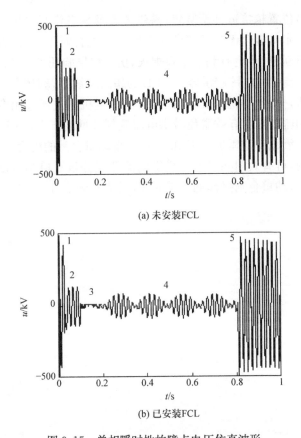

(a) 未安装FCL

(b) 已安装FCL

图 9.15　单相瞬时性故障点电压仿真波形

1-正常运行电压波形;2-故障发生后到断路器跳闸之前的一次电弧电压波形;3-断路器跳闸后的
二次电弧电压波形;4-二次电弧熄灭后故障点的恢复电压波形;5-自动重合闸后的电压波形

　　上述仿真结果表明,采取本章提出的 FCL 与单相自动重合闸的配合时序,能有效消除二次电弧电流的低频分量,并加速潜供电弧的熄灭,可成功实现单相自动重合闸操作。

9.3　本章小结

　　(1)安装特高压 HRPC 的输电线路潜供电流中工频分量值、故障点瞬态恢复电压及上升率均显著下降,燃弧时间得到有效缩短,但出现衰减较快的低频分量,可能使电弧熄灭的难度增加。潜供电流值随着串补补偿度的增加近似呈线性增大,随可控高抗的补偿度的增加呈现先增加后线性减小又增加的趋势。可控高抗值改变时,潜供电流的变化范围更大。HRPC 安装于特高压输电线路两端时,潜供电流随着弧道电阻的增加而减小,在仅有可控高抗的系统中潜供电流衰减速度最快。接地故障位置越接近补偿装置,潜供电流及瞬态恢复电压的值越高。提出了自动重合闸技术与混合无功补偿旁路断路器的配合时序,建议旁路断路器在潜供电弧熄灭后再断开,将更有利于电弧熄灭,仿真结果验证了该策略的正确性。

(2) 针对安装有氧化锌避雷器式 FCL 的超高压线路,利用等效阻抗电路和拉普拉斯变换方法,分析了潜供电流低频分量的产生机理。通过闭合旁路断路器 K 来短接 FCL 的电容器,能有效避免潜供电流低频分量的产生,与 EMTP 仿真结果相一致。提出了氧化锌避雷器式 FCL 与单相自动重合闸的配合时序控制策略,通过仿真分析表明,可有效消除可能的潜供电流低频分量对单相自动重合闸的不利影响,既能确保自动重合闸操作的正常时序,又能兼顾 FCL 的自恢复特性。

第 10 章 特高压半波长输电线路的潜供电弧特性

通过建立简化的输电线路电磁耦合模型,给出理想半波长输电线路的潜供电流及弧道恢复电压的表达式。结合 ATP-EMTP,研究线路传输功率、人工调谐网络、线路长度等对潜供电流与恢复电压的影响,并与常规短距离线路进行比较。提出快速接地开关的沿线非均匀优化配置方案,仿真计算潜供电弧的燃弧时间特性,给出半波长输电线路的单相自动重合闸配合时序,研究结果为半波长输电线路潜供电弧抑制提供有价值的参考依据。

10.1 半波长输电线路潜供电流和恢复电压

半波长输电线路发生单相接地故障时,健全相对故障线路的电磁耦合分析模型,如图 10.1 所示。

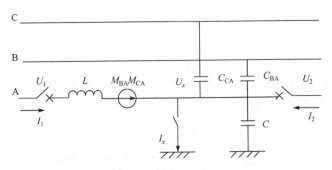

图 10.1 半波长输电线路电磁耦合模型

图 10.1 中,U_1、U_2、I_1、I_2 分别为故障 A 相两侧的电压、电流相量;M_{BA}、M_{CA} 为健全相与故障 A 相之间的互感;C_{BA}、C_{CA} 为健全相与故障 A 相的互电容;L、C 为故障 A 相单位长度的电感和对地电容,不考虑输电线路的电阻与对地电导。x 为观测点距线路首端的距离,l 为输电线路长度。

当线路发生故障并跳闸后,线路健全相的电压、电流会经历短时的电磁暂态过程,为计算潜供电流和弧道恢复电压的强制分量,并反映其与线路参数及运行状态的简化关系,设故障前 A、B、C 三相电压与电流成对称分布,即 $U_A = U_B e^{-j\frac{2}{3}\pi} = U_C e^{-j\frac{4}{3}\pi} = U_0$,$I_A = I_B e^{-j\frac{2}{3}\pi} = I_C e^{-j\frac{4}{3}\pi} = I_0$。

同时假定故障后 B 相和 C 相的电流、电压变化不大,且仍然保持对称,设定线路发生金属性接地故障,建立线路间电磁耦合计算模型。

$$\frac{-\partial I_A}{\partial x}=j\omega C_{BA}(U_A-U_B)+j\omega C_{CA}(U_A-U_C)+j\omega CU_A \tag{10-1}$$

$$\frac{-\partial U_A}{\partial x}=j\omega M_{BA}I_B+j\omega M_{CA}I_C+j\omega LI_A \tag{10-2}$$

通过拉普拉斯变换与逆变换运算,可推导出半波长输电线路故障时的潜供电流为

$$I_{sec}(x)=\left[-j\frac{U_1}{Z_c}\sin(\gamma x)-j\frac{U_2}{Z_c}\sin\gamma(l-x)\right]+\left[I_1\cos(\gamma x)+I_2\cos\gamma(l-x)\right]$$

$$+j\frac{\alpha}{\gamma^2 Z_c}U_A[\sin(\gamma x)+\sin\gamma(l-x)]+\frac{M}{L}I_A[\cos(\gamma x)-\cos\gamma(l-x)]$$

$$\tag{10-3}$$

其中,γ 为相位常数;Z_c 为波阻抗;α、M 分别为 B、C 相对故障 A 相的互感系数、互容系数。其表达式分别为

$$\gamma=\omega\sqrt{L(C+C_{BA}+C_{CA})} \tag{10-4}$$

$$\alpha=-\omega^2 L\left[\left(-\frac{1}{2}-j\frac{\sqrt{3}}{2}\right)C_{BA}+\left(-\frac{1}{2}+j\frac{\sqrt{3}}{2}\right)C_{CA}\right] \tag{10-5}$$

$$Z_c=\sqrt{L/(C+C_{BA}+C_{CA})} \tag{10-6}$$

$$M=\left(-\frac{1}{2}-j\frac{\sqrt{3}}{2}\right)M_{BA}+\left(-\frac{1}{2}+j\frac{\sqrt{3}}{2}\right)M_{CA} \tag{10-7}$$

针对半波长输电线路,当不加潜供电流的抑制措施时(如快速接地开关),式(10-3)具有如下边界条件:

$$I_1=I_2=0 \tag{10-8}$$

$$U_1=\frac{-\frac{\alpha}{\gamma^2}U_A[1-\cos(\gamma x)]+j\frac{M}{L}Z_c I_A\sin(\gamma x)}{\cos(\gamma x)} \tag{10-9}$$

$$U_2=\frac{-\frac{\alpha}{\gamma^2}U_A[1-\cos\gamma(l-x)]+j\frac{M}{L}Z_c I_A\sin\gamma(l-x)}{\cos\gamma(l-x)} \tag{10-10}$$

由式(10-4)可知,当 $x\rightarrow\sqrt{\frac{C+C_{BA}+C_{CA}}{C}}\cdot\frac{l}{2}$ 时(故障点临近线路中点且略偏向末端),$\gamma x\rightarrow\pi/2$,$\cos(\gamma x)\rightarrow 0$,此时式(10-9)中 $U_1\rightarrow\infty$,式(10-3)中 $j\frac{U_1}{Z_c}\sin(\gamma x)\rightarrow\infty$,在其余项为有限值条件下,可知此时输电线路的潜供电流有极大值;当 $x\rightarrow\left(1-\sqrt{\frac{C+C_{BA}+C_{CA}}{C}}\cdot\frac{1}{2}\right)\cdot l$ 时(临近线路中点且略偏向首端),$\gamma(l-x)\rightarrow\pi/2$,

$\cos\gamma(l-x)\rightarrow 0$,此时式(10-10)中 $U_2\rightarrow\infty$,式(10-3)中 $j\dfrac{U_2}{Z_c}\sin\gamma(l-x)\rightarrow\infty$,在其余项为有限值条件下,可知,此时输电线路的潜供电流存在极大值;当 $x=l/2$ 时,潜供电流的理想值为零。

输电线路故障弧道的恢复电压为

$$U_{rec}(x)=U_1\cos(\gamma x)-jI_1Z_c\sin(\gamma x)+\frac{\alpha}{\gamma^2}U_A[1-\cos(\gamma x)]-j\frac{M}{L}Z_cI_A\sin(\gamma x)$$

$$(10\text{-}11)$$

针对半波长输电线路,当不加潜供电流的抑制措施时,式(10-11)具有如下边界条件:

$$I_1=I_2=0 \qquad\qquad (10\text{-}12)$$

$$U_2=\frac{\alpha}{\gamma^2}U_2+\frac{M}{jL\sin(\gamma x)}Z_cU_2[\cos(\gamma x)-1] \qquad\qquad (10\text{-}13)$$

式(10-11)可简化为如下表达式:

$$U_{rec}(x)=-\frac{jM}{L}\frac{1-\cos(\gamma x)}{\sin(\gamma x)}Z_cI_0+\frac{a}{\gamma^2}U_0 \qquad\qquad (10\text{-}14)$$

与半波长线路波动方程式联立可知,半波长输电线路的恢复电压幅值相对于线路中点近似呈对称分布,靠近输电线路的两端,即 $\gamma x\rightarrow 0$ 或 $\gamma x\rightarrow\pi$ 时,潜供电弧的恢复电压有极大值。

当输电线路长度不足或超过 3000km 时,需将其人工调谐成半波长。现有的调谐方法有三种:π 形调谐网络、T 形调谐网络、并联电容调谐网络。当线路布置 π 形调谐网络、T 形调谐网络时,故障相将失去半波长特性,上述结论不再成立;当线路布置电容型调谐网络时,则上述结论依然成立,方程组中仅改变了 γ、Z_c 的大小。

10.2　半波长输电线路潜供电流和恢复电压仿真研究

构建特高压半波长输电线路的仿真模型,采用 ATP-EMTP 软件,计算不同传输功率、人工调谐网络、线路长度等条件下沿线不同故障点的潜供电流和恢复电压,并与常规线路进行比较。自然长度半波长线路全线采用六个全换位以减小线路参数不平衡,其换位方式如图 10.2 所示。

特高压半波长输电系统仿真模型如图 10.3 所示,S 和 R 表示输电线路的首端、末端,设正常条件下线路传输功率为 3600MW,故障接地电阻设定为 10Ω。

10.2.1　传输功率对潜供电流和恢复电压的影响

不同传输功率下,在特高压半波长输电系统的线路上,不同故障位置的潜供电

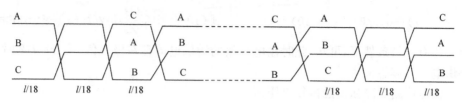

图 10.2　半波长线路换位方式

$R_1=0.007\,58\Omega/\text{km}$；$L_1=0.263\,5\Omega/\text{km}$；$C_1=0.013\,970\mu\text{F/km}$
$R_0=0.154\,21\Omega/\text{km}$；$L_0=0.830\,6\Omega/\text{km}$；$C_0=0.009\,296\mu\text{F/km}$

图 10.3　特高压半波长输电线路仿真模型

流和恢复电压值如图 10.4 和图 10.5 所示。图中 l 代表线路长度，x 代表故障点距离线路首端的距离。图 10.6 给出了短距离（$l=360\text{km}$）输电线路的对应值以进行比较。

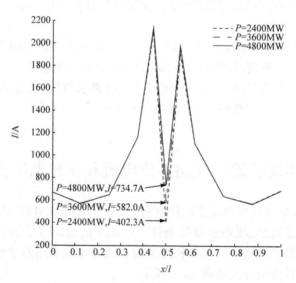

图 10.4　半波长线路潜供电流

　　由图 10.4～图 10.6 可知，特高压半波长输电线路的潜供电流与恢复电压值远远大于常规输电线路。由于电压等级高，线路超长，沿线不同故障位置的潜供电流和恢复电压值差别也很大。故障位置临近线路中点时，潜供电流有最大值，可达

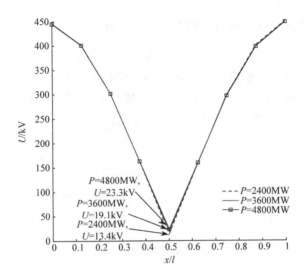

图 10.5　半波长线路恢复电压

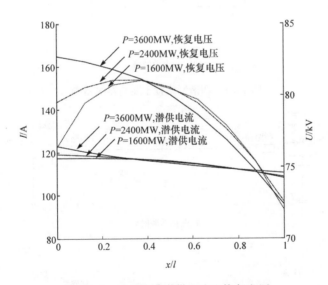

图 10.6　常规线路潜供电流和恢复电压

上千安培;当故障位置位于线路中点时,潜供电流值最小。

　　当故障位置临近半波长线路两端时,线路的传输功率对潜供电流值的影响很小。当故障位置临近半波长线路中点时,随着传输功率的增大,潜供电流近似成正比例增加。而半波长输电线路的恢复电压受传输功率的影响很小,越靠近线路中间点,恢复电压越小。同时由图 10.6 可知,与半波长输电线路相比,常规短距离输电线路的潜供电流和恢复电压受传输功率的影响都较小。

10.2.2　调谐方式对潜供电流和恢复电压的影响

设特高压输电线路长度为 2000km,线路配置 1 组 π 形、1 组 T 形调谐网络,分别置于断路器线路侧和断路器电源侧,分别如图 10.7 和图 10.8 所示。电容调谐方式的并联电容均匀配置在输电线路沿线,共 9 组,如图 10.9 所示。线路采用四个全换位,以减小线路参数不平衡,其换位方式如图 10.2 所示。

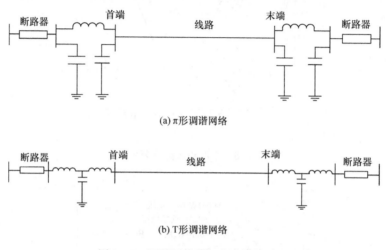

(a)π形调谐网络

(b)T形调谐网络

图 10.7　调谐网络置于断路器线路侧

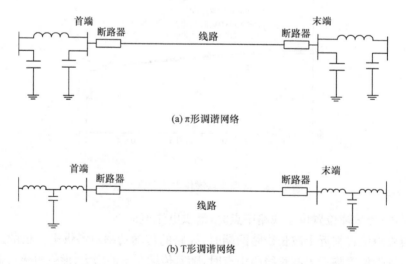

(a)π形调谐网络

(b)T形调谐网络

图 10.8　调谐网络置于断路器电源侧

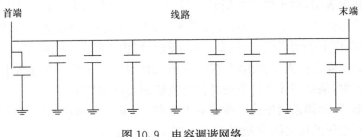

图 10.9　电容调谐网络

当 π 形和 T 形调谐网络的布置位置不同时,特高压调谐半波长输电线路的潜供电流与恢复电压的变化如图 10.10 和图 10.11 所示。

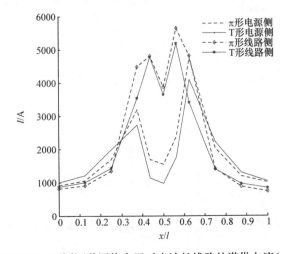

图 10.10　不同调谐网络布置时半波长线路的潜供电流(一)

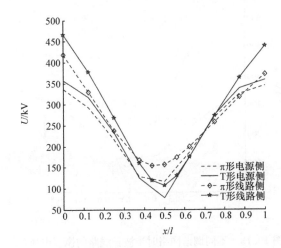

图 10.11　不同调谐网络布置时半波长线路的恢复电压(一)

　　仿真结果表明,对于位于同侧的 π 形、T 形调谐网络,在线路上不同故障位置的潜供电流和恢复电压值差别较小。当 π 形、T 形调谐网络配置于断路器的电源侧时,故障条件下的潜供电流、恢复电压值较其配置于断路器线路侧时要小。当线路不足半波长而进行人工调谐时,潜供电流与恢复电压值较理想半波长输电线路的对应值要大,某些特殊条件下的潜供电流值则会更为严重。

　　设 π 形、T 形调谐网络位于断路器电源侧,与电容型调谐网络进行比较,潜供电流和恢复电压的仿真结果如图 10.12、图 10.13 所示。

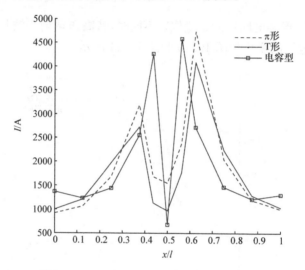

图 10.12　不同调谐网络时半波长线路的潜供电流(二)

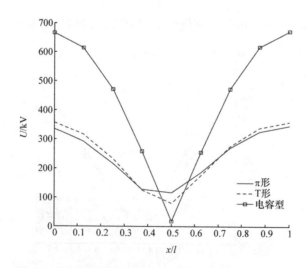

图 10.13　不同调谐网络时半波长线路的恢复电压(二)

　　仿真结果表明,在 π 形、T 形调谐网络下的输电线路潜供电流与电容型调谐网络下的对应值相当,但电容型调谐网络下的恢复电压值较前两者要大很多。

10.2.3　线路长度对潜供电流和恢复电压的影响

　　以线路两端配置 π 形调谐网络为例,分析线路长度对调谐半波长输电线路的潜供电流和恢复电压的影响,结果如图 10.14 和图 10.15 所示。而图 10.16 则给出了不同长度的短距离输电线路潜供电流和恢复电压计算值以进行比较。

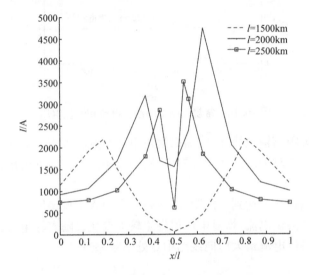

图 10.14　不同线路长度下的潜供电流

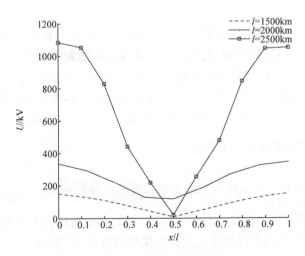

图 10.15　不同线路长度下的恢复电压

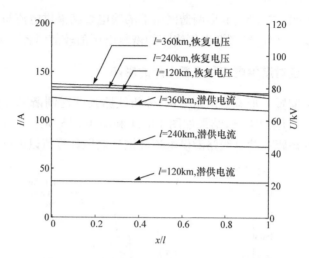

图 10.16　常规线路下的潜供电流和恢复电压

　　针对常规短距离输电线路,线路的潜供电流与其长度近似成正比,恢复电压几乎与长度无关。同时因线路较短,同一线路沿线不同故障点处的潜供电流、恢复电压值差别较小。

　　但当输电线路长度达到一定距离,线路两端由人工调谐网络补偿为半波长时,输电线路沿线的潜供电流、恢复电压值发生较大变化。随着输电线路长度的增加,输电线路沿线潜供电流最大值向线路中点处不断靠近。

10.3　潜供电弧抑制措施与单相自动重合闸

　　因为半波长输电线路沿线不安装无功补偿设备,所以常规的并联电抗器加中性点小电抗器的抑制措施不再适用。快速接地开关作为比较成熟的潜供电弧抑制措施,可应用于特高压半波长输电线路,以减小潜供电弧和恢复电压的数值,保证单相自动重合闸的可靠性。本章针对特高压半波长输电线路快速接地开关的不同配置方案进行研究比较,仿真中快速接地开关的接地电阻设定为 1Ω。

10.3.1　快速接地开关的分布配置

1. 特高压自然半波长输电线路两端配置快速接地开关

　　图 10.17 给出了半波长和短距离($l=360\mathrm{km}$)特高压输电线路仅在两端安装快速接地开关时,沿线不同故障点处的潜供电流与恢复电压值。

　　由图 10.17 可知,特高压半波长输电线路的潜供电流最高值仍可达 1500A,虽然与图 10.4 和图 10.5 给出的自然半波长输电线路上的潜供电流和恢复电压相

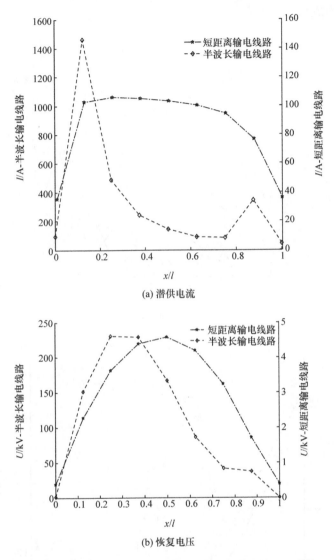

(a) 潜供电流

(b) 恢复电压

图 10.17　线路两侧安装快速接地开关沿线潜供电弧参数

比,快速接地开关已大大减小了沿线不同位置发生故障时的潜供电流与恢复电压,但由于输电线路超长,仅在线路两端安装还远远不能满足抑制潜供电弧的需要。

2. 特高压自然半波长输电线路沿线均匀配置快速接地开关

图 10.18 和图 10.19 给出了特高压自然半波长输电线路沿线均匀布置 5 组、7组、9 组、11 组快速接地开关时,不同故障位置的潜供电流、恢复电压及其对应全线统计值(I_{max}-潜供电流最大值,I_{mean}-潜供电流平均值,U_{max}-恢复电压最大值,U_{mean}-

恢复电压平均值)。

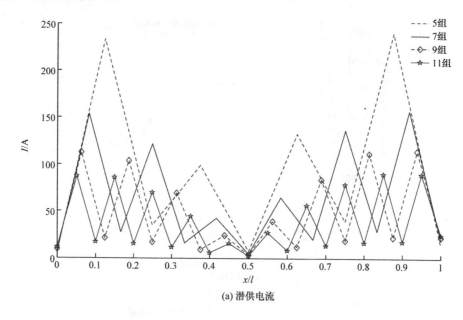

(a) 潜供电流

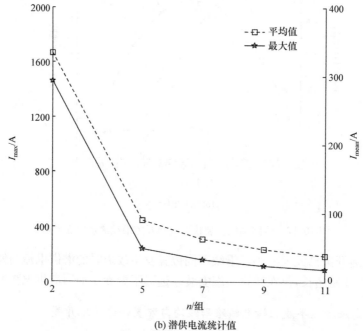

(b) 潜供电流统计值

图 10.18　安装多组快速接地开关的半波长线路潜供电流

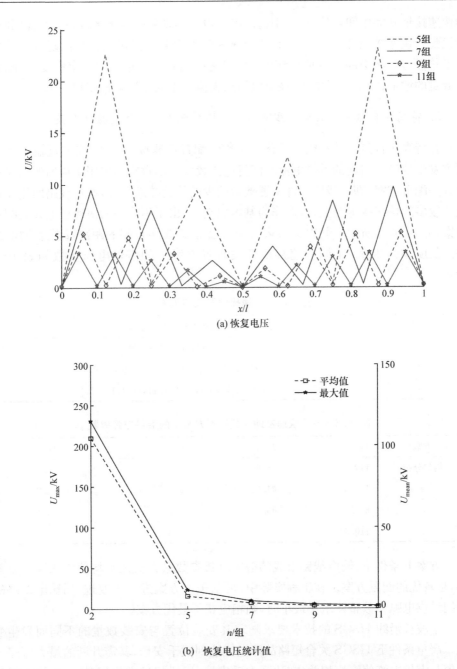

(a) 恢复电压

(b) 恢复电压统计值

图 10.19　安装多组快速接地开关的半波长线路恢复电压

由图 10.18 和图 10.19 可知,当输电线路沿线均匀安装快速接地开关时,随着快速接地开关数量的增加,线路沿线整体的潜供电流与恢复电压水平减小。相邻两快速接地开关中间点故障时,引起的潜供电流与恢复电压水平较高。与此同时,沿线配置快速接地开关时,靠近线路两侧故障时引起的潜供电流与恢复电压整体水平较靠近线路中部故障时的要高。当快速接地开关数量达到一定程度后,随着其数量的增加,沿线潜供电流、恢复电压最大值及平均值递减幅度均变小。

3. 特高压自然半波长输电线路沿线不均匀配置9组快速接地开关

在特高压自然半波长输电线路沿线均匀配置快速接地开关,当靠近输电线路两侧发生故障时引起的潜供电流与恢复电压较大。本章提出采用不均匀的快速接地开关配置方案,即在线路中部配置数量较少的快速接地开关,而在线路两侧配置数量较多的快速接地开关,以此作为基本原则,给出了不均匀的快速接地开关配置方案,如表10.1所示。其中 x 代表安装位置距离线路首端的距离,l 代表输电线路的长度,3000km。不同快速接地开关布置方案下的潜供电弧参数如表 10.2 所示。

表 10.1　快速接地开关布置方案

方案	快速接地开关布置位置(x/l)
a	0,1/9,2/9,3/9,1/2,6/9,7/9,8/9,1
b	0,1/10,2/10,3/10,1/2,7/10,8/10,9/10,1
c	0,1/11,2/11,3/11,1/2,8/11,9/11,10/11,1

表 10.2　不同快速接地开关布置方案下的潜供电弧参数

方案	I_{max}	I_{mean}	U_{max}	U_{mean}
均匀分布	114.6	46.8	7.5	2.7
a	115.3	61.6	9.5	2.7
b	89.8	46.5	7.1	2.4
c	110.3	46.6	7.4	2.6

方案 b 条件下,输电线路沿线的潜供电弧参数最大值及平均值均较其他方案小,是较优的配置方案。在工程实际中,可基于本方案进一步改进,当输电线路的沿线潜供电弧参数整体水平最小时,则相应获得最优方案。

半波长沿线 HSGS 的技术要求随着其安装位置与安装数量的不同而发生变化。严重条件下 HSGS 关合短路故障电流达到数千安培,其需开断的最大短路电流值与潜供电流值密切相关,亦达到上千安培,远远超过常规超/特高压输电线路 HSGS 的技术要求[12]。严重工况下半波长线路 HSGS 开断过程中暂态恢复电压峰值达到数兆伏,恢复电压上升率为数千伏每微秒,远远超过常规超/特高压输电线路 HSGS 的对应值。

10.3.2　半波长输电潜供电弧燃弧时间与单相重合闸

本章针对方案 b,基于改进 Mayr 方程建立了短路电弧模型和潜供电弧模型,以分析不均匀配置快速接地开关时潜供电弧的燃弧时间。方案 b 条件下,由于半波长线路潜供电流与恢复电压值已抑制到较低水平,电弧参数与常规短距离线路电弧参数接近,采用不同工况下典型特高压线路短路电弧和潜供电弧的试验参数进行仿真,如表 10.3 和表 10.4 所示。

表 10.3　特高压输电线路短路电弧参数

电弧	$E_p/(V/m)$	l_p/m	τ_p/s
模型 1[34]	1500	$1.1l$	$2.85\times10^{-5}\times\dfrac{I_{a1}}{l_p}$
模型 2[17]	1500	$1.1l$	$2.85\times10^{-5}\times\dfrac{I_{a1}}{l_p}$
模型 3[18]	1500	$1.1l$	$0.707\times10^{-5}\times\dfrac{I_{a1}}{l_p}$

表 10.4　特高压输电线路潜供电弧参数

电弧	$E_s/(V/m)$	l_s/m	τ_s/s
模型 1[34]	$7500I_{a2}^{-0.4}$	$t_s>0.1s,10\times t_s\times l_p$ $t_s<0.1s,l_p$	$2.51\times10^{-5}\times\dfrac{I_{a2}^{1.4}}{l_s}$
模型 2[17]	$7500I_{a2}^{-0.4}$	$l_p\times[1+3.25(1-e_s^{-t})]$	$1.43\times10^{-4}\times\dfrac{I_{a2}}{l_s}$
模型 3[18]	$3693I_{a2}^{-0.155}$	$1.1l$	$1.34\times10^{-4}\times\dfrac{I_{a2}^{0.32}}{l_s}$

表中,I_{a1}、I_{a2} 分别为金属性故障下短路电流和潜供电流的峰值;l 为绝缘子串长度,设定为 10m;l_p、l_s 分别为短路电弧和潜供电弧的瞬时长度。在电弧的熄灭机理上,本章统一采用基于介质恢复理论的熄灭判据。设特高压半波长输电线路 $t=0s$ 时发生故障,0.1s 后线路两端断路器打开,潜供电弧起始,0.25s 输电线路沿线快速接地开关闭合。

表 10.5 给出了方案 b 下,特高压半波长输电线路沿线不同位置故障时,潜供电弧的最大燃弧时间 t_{max}。

表 10.5　特高压半波长输电线路不同位置故障时潜供电弧最大燃弧时间

模型	模型 1	模型 2	模型 3
t_{max}/s	0.176	0.178	0.160

快速接地开关的沿线分布布置,减小了特高压半波长线路潜供电弧的恢复电压梯度及恢复电压上升率。仿真结果与同等条件下并联电抗器加中性点小电抗抑制潜供电弧的方式相比较,其燃弧时间比较短[22]。

由此,提出安装快速接地开关的输电线路的单相重合闸时序,如图 10.20 所示。

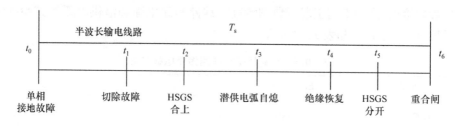

图 10.20　输电线路单相自动重合闸时序

与常规输电线路相比,安装快速接地开关的半波长输电线路单相重合闸时序基本相同,其不同点主要体现在相邻操作之间的时间差。针对半波长距离输电方式,故障电压、电流以行波的形式在线路上传播,传输时延使得故障切除时间较常规输电线路要迟。超长距离半波长线路沿线配置多组快速接地开关时,其反应与闭合时间较常规输电线路要长。潜供电弧熄灭后,弧道绝缘强度迅速恢复,我国 330kV 系统实测为 0.04s,在常规 1000kV 特高压输电线路其推荐值为 0.1s;而特高压半波长输电线路的恢复电压较常规输电线路要高,绝缘强度恢复时间亦相应延长。常规特高压输电线路,在绝缘强度恢复后,往往增加 0.1s 的裕度;针对特高压半波长输电线路,亦可进行适当延长。

综上所述,半波长输电线路因具有极好的电压稳定性,故障失稳时间较长,沿线配置多组快速接地开关后,通过延长图 10.20 中 t_5 与 t_4、t_6 与 t_5 之间的时间差,可使得潜供电弧可靠熄灭,确保重合闸成功。

10.4　本 章 小 结

(1) 建立了半波长输电线路潜供电流、恢复电压的理论计算模型,获得了不加抑制措施时半波长输电线路沿线潜供电流最大故障点,仿真示例佐证了理论分析结果。半波长输电线路潜供电流及弧道恢复电压的分布规律与常规线路截然不同,其值远大于常规线路,且随着故障点的不同而差异很大,潜供电流与恢复电压受线路传输功率、线路长度等的影响规律亦区别于常规短距离线路。

(2) 分析得到了最优的人工调谐网络配置方案,在对应方案下,半波长输电线路沿线潜供电流与弧道恢复电压均较小。

（3）提出了快速接地开关沿线非均匀配置的方法，获得了较优的快速接地开关配置方案，引入黑盒电弧模型进行了仿真计算，仿真表明沿线多组快速接地开关的配置能减小潜供电弧的电气参数，可有效抑制半波长线路潜供电弧的燃弧时间。

（4）给出了半波长输电线路单相重合闸的配合时序，并与常规输电线路进行了比较，可为半波长输电技术单相重合闸理论提供参考。

参 考 文 献

[1] 刘振亚. 特高压电网. 北京:中国经济出版社,2005.

[2] 刘振亚. 特高压交流输电技术研究成果专辑. 北京:中国经济出版社,2005.

[3] 国家电网有限公司. 国家电网在建在运特高压工程示意图. http://www.sgcc.com.cn[2011-12-16].

[4] Sztergalyos J E, Andrichak J, Colwell D H, et al. Single phase tripping and auto reclosing of transmission lines. IEEE Transactions on Power Delivery, 1992, 7(1):182-192.

[5] 梅忠恕. 超高压电网潜供电流与单相重合闸. 云南电力技术,1999,27(2):9-11.

[6] 梅忠恕. 超高压电网潜供电流与单相重合闸(II). 云南电力技术,1999,27(2):15-18.

[7] 曹荣江,朱拱照,崔景春. 关于超高压线路上潜供电弧持续现象的研究(第一部分). 高电压技术,1975,(1):27-77.

[8] 曹荣江,朱拱照,崔景春. 关于超高压线路上潜供电弧持续现象的研究(第二部分). 高电压技术,1976,(3):14-59.

[9] 韩彦华. 熄灭潜供电弧新方法的研究[硕士学位论文]. 西安:西安交通大学,2000.

[10] 韩彦华. 单相重合闸在串联补偿系统中的应用研究[博士学位论文]. 西安:西安交通大学,2003.

[11] 谷定燮,周沛洪. 特高压输电系统过电压、潜供电流和无功补偿. 高电压技术,2005,31(11):21-25.

[12] 林莘,何柏娜,徐建源. 超高压线路上潜供电弧熄灭特性的研究. 高电压技术,2006,32(3):7-9.

[13] Danyek M, Danyek P. Improving the reliability of experimental data about secondary arc duration//Proceeding of the 17th Hungarian-Korean Seminar, EHV Technology-II. Hungary: Budapest University of Technology and Economics, 2001.

[14] Montanari A A, Tavares M C, Portela C M. Secondary arc voltage and current harmonic content for field tests results//2009 International Conference on Power System Transients, Kyoto, 2009.

[15] Montanari A A, Tavares M C, Portela C M. Adaptive single-phase auto-reclosing based on secondary arc voltage harmonic signature//2009 International Conference on Power System Transients, Kyoto, 2009.

[16] 蒋卫平,朱艺颖. 750kV输变电示范工程单相人工接地故障试验现场测量和计算分析. 电网技术,2006,30(19):42-47.

[17] Dudurych I M, Gallagher T J, Rosolowski E. Arc effect on single-phase reclosing time of a UHV power transmission line. IEEE Transactions on Power Delivery, 2004, 19 (2): 854-860.

[18] 陈维江,颜湘莲,贺子鸣,等. 特高压交流输电线路单相接地潜供电弧仿真. 高电压技术,2010,36(1):1-6.

[19] Ban G, Prikler L, Banfai G. Testing EHV secondary arcs//The 10th-13th IEEE Porto Power

Conference,Porto,2001.

[20] Perry D E. Investigation and evaluation of single phase switching on EHV network in the United States//CIGRE 1984 Session,Paris,1984.

[21] 和彦淼,宋杲,曹荣江.特高压同塔双回输电线路潜供电弧模拟试验等价性研究.电网技术,2008,32(22):4-7.

[22] 曹荣江,顾霓鸿,盛勇.电力系统潜供电弧自灭特性的模拟研究.中国电机工程学报,1996,16(2):73-78.

[23] 和彦淼,宋杲,曹荣江,等.1000kV 特高压输电线路潜供电弧试验研究.中国电机工程学报,2011,31(16):138-143.

[24] 陈维贤.超高压电网稳态计算.北京:水利电力出版社,1993.

[25] 刘亚芳,袁亦超,汪启槐,等.电力系统潜供电弧有补偿情况的试验研究.华北电力技术,1995,(7):1-5.

[26] 过增元,赵文华.电弧和热等离子体.北京:科学出版社,1986.

[27] 王其平.电器电弧理论.北京:机械工业出版社,1982.

[28] Darwish H A,Elkalashy N I. Universal arc representation using EMTP. IEEE Transactions on Power Delivery,2005,20(2):772-779.

[29] Terzija V V,Koglin H J. On the modeling of long arc in still air and arc resistance calculation. IEEE Transactions on Power Delivery,2004,19(3):1012-1017.

[30] Farzaneh M,Zhang J,Aboutorabi S S. Dynamic modeling of DC discharge on ice surfaces. IEEE Transactions on Dielectrics and Electrical Insulation,2003,10(3):463-474.

[31] Dmitriev M V,Evdokunin G A,Gamilko A. EMTP simulation of the secondary arc extinction at overhead transmission lines under single phase automatic reclosing//IEEE Conference on Power Technology,St. Petersburg,2005:1-6.

[32] Johns A T,Al-Rawi A M. Digital simulation of EHV systems under secondary arcing conditions associated with single-pole autoreclosure. IEE Proceedings C-Generation, Transmission,Distribution,1982,129(2):49-58.

[33] Johns A T, Al-Rawi A M. Developments in the simulation of long distance single-pole-switched EHV systems. IEE Proceedings C-Generation, Transmission, Distribution, 1984, 131(2):67-77.

[34] Johns A T,Aggarwal R K,Song Y H. Improved techniques for modeling fault arcs on faulted EHV transmission system. IEE Proceedings-Generation, Transmission, Distribution, 1994,141(2):148-154.

[35] Goldberg S,Horton F H. A computer model of the secondary arc in single phase operation of transmission lines. IEEE Transactions on Power Delivery,1989,4(1):586-595.

[36] 舒亮,贾磊,郑士普,等.超高压线路潜供电弧电压的频率特性分析.西安交通大学学报,2007,41(6):713-716.

[37] Fitton D S,Dunn R W,Aggrawal R K,et al. Design and implementation of an adaptive single pole autoreclosure technique for transmission lines using artificial neutral networks.

　　　　IEEE Transactions on Power Delivery,1996,11(2):748-756.

[38] Yu L K,Song Y H. Wavelet transform and neutral network approach to development adaptive single-pole auto reclosing schemes for EHV transmission systems. IEEE Power Engineering Review,1998,18(11):62-64.

[39] 袁越,张保会. 电力系统自动重合闸研究的现状与展望. 中国电力,1997,30(10):54-57.

[40] 颜湘莲,陈维江,王承玉. 长间隙小电流空气电弧动态特性. 电工技术学报,2009,24(11):165-171.

[41] 颜湘莲,陈维江,王承玉,等. 计及风影响的潜供电弧自熄特性计算研究. 中国电机工程学报,2009,29(10):1-6.

[42] Horinouchi K,Nakayama Y,Hidaka M,et al. A method of simulating magnetically driven arcs[in switchgear]. IEEE Transactions on Power Delivery,1997,12(1):213-218.

[43] 司马文霞,谭威,杨庆,等. 基于热浮力-磁场力结合的并联间隙电弧运动模型. 中国电机工程学报,2011,31(19):138-145.

[44] Yutaka G,Shoji M,Tsuginori I,et al. Insulation recovery characteristics after arc interruption on UHV transmission lines. IEEE Transactions on Power Delivery, 1993, 8 (4):1907-1913.

[45] 刘继. 送电线路自动重合闸装置. 上海:科技卫生出版社,1958:70-81.

[46] 陈禾,陈维贤. 并联电抗器中性点小电抗的选择. 高电压技术,2004,28(8):9-10.

[47] Prikler L,Kizilcay M,Ban G,et al. Improved secondary arc models based on identification of arc parameters from staged fault test records//The 14th Power Systems Computation Conference,Sevilla,2002:1-7.

[48] 韩彦华,施围. 故障点接地电阻对超高压输电线路潜供电流的影响. 西安交通大学学报,2002,36(6):555-559.

[49] 钱鑫,谢鹏,李琥,等. 故障类型及换位方式对同杆双回线回路间耦合影响的研究. 电网技术,2002,26(10):18-20,57.

[50] 商立群,施围. 计算同杆双回输电线路潜供电流与恢复电压的二次模方法. 西安交通大学学报,2005,39(2):193-199.

[51] 尹忠东,刘虹. 超高压电网可控串联补偿与潜供电弧的抑制. 高电压技术,1998,24(1):14-16.

[52] 钟胜. 与超高压输电线路加装串补装置有关的系统问题及其解决方案. 电网技术,2004,28(6):26-30.

[53] 牛晓明,李华伟,施围. 超高压串联补偿输电线路的潜供电流. 高电压技术,1997,23(4):48-50.

[54] 牛晓明,王晓彤,施围,等. 超高压串联补偿输电线路的潜供电流和恢复电压. 电网技术,1998,22(9):9-16.

[55] 柴旭峥,梁曦东,曾嵘,等. 串联补偿的远距离输电线路潜供电弧参数特性. 电网技术,2007,21(5):7-12.

[56] 刘洪顺,李庆民,邹亮,等. 安装故障限流器的输电线路潜供电弧特性与单相重合闸策略.

中国电机工程学报,2008,28(31):62-67.

[57] Kinney S J,William A M,Randy W S. Test results and initial operation experience for the BPA 500kV thyristor controlled series capacitor design,operation,and fault test results// IEEE Technical Applications Conference and Workshops Northcon,Portland,1995:268-273.

[58] Nouredine H S,Claude J,Sabonnadiere,et al. Reducing dead time for single-phase auto-reclosing on a series-capacitor compensated transmission line. IEEE Transactions on Power Delivery,2000,15(1):51-56.

[59] 孙秋芹,王冠,李庆民,等. 特高压双回线路耦合效应的计算与分析. 高电压技术,2009, 35(4):737-742.

[60] 张纬钹,何金良,高玉明. 过电压保护及绝缘配合. 北京:清华大学出版社,2002.

[61] 王皓,李永丽,李斌. 750kV 及特高压输电线路抑制潜供电弧的方法. 中国电力,2005, 38(12):29-32.

[62] 商立群,施围. 超高压同杆双回输电线路中熄灭潜供电弧的研究. 电力系统自动化,2005, 29(10):60-63,72.

[63] Kimbark E W. Selective-pole switching of long double-circuit EHV line. IEEE Transactions on Power Apparatus and Systems,1976,95(1):219-230.

[64] 李博通,李永丽,景雷,等. 同塔双回线的并联电抗器补偿方式研究. 电力自动化设备, 2009,29(8):23-27,32.

[65] 刘海军,韩民晓,文俊,等. 特高压双回线路并联电抗器中性点小电抗的优化设计. 电力自动化设备,2009,29(11):87-91.

[66] 陈维贤,陈禾. 可控并联电抗器的功能和调节. 高电压技术,2006,32(12):92-95.

[67] 陈维贤,陈禾,鲁铁成,等. 关于特高压可控电抗器. 高电压技术,2005,31(11):26-27.

[68] 韩彦华,范越,施围. 快速接地开关熄灭潜供电弧的研究. 西安交通大学学报,2000,34(8): 14-17.

[69] 商立群,施围. 快速接地开关熄灭同杆双回输电线路潜供电弧的研究. 电工电能新技术, 2005,24(2):5-7.

[70] Hasiber R N,Legate A C,Brunke J,et al. The application of high speed grounding switches for single-pole on 500kV power systems. IEEE Transactions on Power Apparatus and System,1981,100(4):1512-1515.

[71] Mizoguchi H,Hioki I,Yokota T,et al. Development of an interruption of an interruption chamber for 1000kV high-speed grounding switches. IEEE Transactions on Power Delivery, 1998,13(2):495-504.

[72] Goda Y,Matsuda S,Inaba T,et al. Forced extinction characteristics of secondary arc on UHV transmission lines. IEEE Transactions on Power Delivery,1993,8(3):1322-1330.

[73] Sherling B R,Fakheri A,Ware B J. Compensation scheme for single-pole switching on untransposed transmission lines. IEEE Transactions on Power Apparatus and Systems,1978, 97(4):1421-1429.

[74] Sherling B R,Fakheri A. Single-phase switching parameters for untransposed EHV lines.

IEEE Transactions on Power Apparatus and Systems,1979,98(2):643-654.

[75] Gatta F M,Lliceto F. Analysis of some operation problems of half-wave length transmission lines//AFRICON '92 Proceedings,Ezulwini Valley,1992:59-64.

[76] Kinney S J,William A M,Suhrbier R W. Test results and initial operation experience for the BPA 500kV thyristor controlled series capacitor design,operation,and fault test results// IEEE Technical Applications Conference and Workshops Northcon, Portland, 1995: 268-273.

[77] Ahn S P,Kim C H,Ju H J,et al. The investigation for adaption of high speed grounding switches on the Korean 765kV lines//IPST'05,Montreal,2005.

[78] Ahn S P,Kim C H,Aggarawal R K,et al. An alternative approach to adaptive single pole auto-reclosing in high voltage transmission system based on variable dead time control. IEEE Transactions on Power Delivery,2001,16(4):676-686.

[79] Websper S P,Johns A T,Aggrawal R K,et al. An investigation into breaker reclosure strategy for adaptive single pole autoreclosing. IEE Proceedings-Generation,Transmission,Distribution,2005,142(6):601-607.

[80] Jannati M,Vahidi B,Hosseinian S H,et al. A novel approach for optimizing dead time of extra high voltage transmission lines//The 11th International Conference on OPEEE,Brasov, 2008:215-220.

[81] 郑健超. 智能电力设备与半波长交流输电. 动力与电气工程师,2009,(3):12-15.

[82] 何大愚. 对我国未来西电东送输电技术的战略初探. 电网技术,1993,(4):7-10.

[83] Hubert F J,Gent M R. Half-wavelength power transmission lines. IEEE Transactions on Power Apparatus and Systems,1965,84(10):965-974.

[84] Lliceto F,Cinieri E. Analysis of half-wave length transmission lines with simulation of corona losses. IEEE Transactions on Power Delivery,1988,3(4):2081-2091.

[85] Prabhakara F S,Parthasarathy K,Rao H N R. Analysis of natural half-wave-length power transmission lines. IEEE Transactions on Power Apparatus and Systems, 1969, 88 (12): 1787-1794.

[86] Gu S,He J,Chen W J,et al. Motion characteristics of long ac arcs in atmospheric air. Applied Physics Letter,2007,90(5):051501-1-3.

[87] 谷山强,何金良,陈维江,等. 架空输电线路并联间隙防雷装置电弧磁场力计算研究. 中国电机工程学报,2006,26(7):140-145.

[88] 谷山强. 架空线路长间隙交流电弧运动特性及其应用研究[博士学位论文]. 北京:清华大学,2007.

[89] 徐国政. 高压断路器原理和应用. 北京:清华大学出版社,2000.

[90] 刘继. 送电线路自动重合闸装置. 上海:科技卫生出版社,1958:70-81.

[91] Devoto R S,Mukherjee D. Electrical conductivity from electric arc measurements. Journal of Plasma Physics,1973,9(1):65-76.

[92] Bauder U,Devoto R S,Mukherjee D. Measurement of electrical conductivity of argon at high

pressure. Physics of Fluids,2003,16(12):2143-2148.

[93] Devoto R S,Bauder U H,Cailleteau J. Air transport coefficients from electric arc measurements. Physics of Fluids,2008,21(4):552-558.

[94] 古金国,徐国政. 故障电弧特性. 高压电器,1999,35(6):41-44.

[95] 过增元,赵文华. 电弧与热等离子体. 北京:科学出版社,1986:55-58.

[96] Yos J M. Technical Memorandum RAD-TM-63-7. Wilmington:AVCO Corporation,1963.

[97] 娄杰,孙秋芹,李庆民. 潜供电弧零休阶段弧道恢复电压特性. 高电压技术,2013,39(12):2960-2966.

[98] Cong H X,Li Q M,Chen Q,et al. Spatial dynamics modeling of the secondary arcs with power transmission lines. International Journal of Applied Electromagnetics and Mechanics,2015,47(3):737-743.

[99] Raizer Y P. Gas Discharge Physics. Berlin:Springer,1993.

[100] Davies A J,Davies C S,Evans C J. Computer simulation of rapidly developing gaseous discharges. Proceedings of the Institution of Electrical Engineers,1971,118(6):816-823.

[101] Georghiou G E,Papadakis A P,Morrow R,et al. Numerical modelling of atmospheric pressure gas discharges leading to plasma production. Journal of Physics D:Applied Physics,2005,38(20):303-328.

[102] Georghiou G E,Morrow R,Metaxas A C. Two-dimensional simulation of streamers using the FE-FCT algorithm. Journal of physics D:Applied physics,2000,33(3):L27-L32.

[103] 伍飞飞,廖瑞金,杨丽君,等. 棒-板电极直流负电晕放电特里切尔脉冲的微观过程分析. 物理学报,2013,62(11):348-357.

[104] 廖瑞金,刘康淋,伍飞飞,等. 棒-板电极直流负电晕放电过程中重粒子特性的仿真研究. 高电压技术,2014,40(4):965-971.

[105] Birdsall C K. Particle-in-cell charged-particle simulations,plus Monte Carlo collisions with neutral atoms,PIC-M. IEEE Transactions on Plasma Science,1991,19(2):65-85.

[106] Wang X. Laplacian operator-based edge detectors. IEEE Transactions on Pattern Analysis and Machine Intelligence,2007,29(5):886-890.

[107] Russo F. An image enhancement technique combining sharpening and noise reduction. IEEE Transactions on Instrumentation and Measurement,2002,51(4):824-1085.

[108] 马林. 基于双目视觉的图像三维重建[博士学位论文]. 济南:山东大学,2008.

[109] 陈济棠. 双目视觉三维测量技术研究[硕士学位论文]. 广州:广东工业大学,2011.

[110] 王晓华. 基于双目视觉的三维重建技术研究[硕士学位论文]. 青岛:山东科技大学,2004.

[111] 马颂德,张正友. 计算机视觉:计算理论与算法基础. 北京:科学出版社,1998.

[112] Fortuna C,Mohorcic M. Trends in the development of communication networks:Cognitive networks. Computer Networks,2009,53(9):1354-1376.

[113] 林婉如. 双目视觉自标定技术的研究[博士学位论文]. 武汉:武汉理工大学,2010.

[114] 刘金颂,原思聪,张庆阳,等. 双目立体视觉中的摄像机标定技术研究. 计算机工程与应用,2008,44(6):237-239.

［115］陈胜勇,刘盛. 基于 OpenCV 的计算机视觉技术实现. 北京:科学出版社,2008.

［116］赵杰,于舒春,蔡鹤皋. 金字塔双层动态规划立体匹配算法. 控制与决策,2007,22(1):
　　　　69-72.

［117］张文明,刘彬,李海滨. 基于双目视觉的三维重建中特征点提取及匹配算法的研究. 光学
　　　　技术,2008,34(2):181-185.

［118］孟奂. 三维重建中立体匹配算法的研究[博士学位论文]. 哈尔滨:哈尔滨工业大学,2012.

［119］林俊钦,胡晓明,闫达远. 场景轮廓的动态规划立体匹配算法. 光学技术,2013,(1):87-91.

［120］白明,庄严,王伟. 双目立体匹配算法的研究与进展. 控制与决策,2008,23(7):721-729.

［121］于勇,张晖,林茂松. 基于双目立体视觉三维重建系统的研究与设计. 计算机技术与发展,
　　　　2009,19(6):127-130.

［122］李永丽,李博通. 带并联电抗器输电线路三相永久性和瞬时性故障的判别方法. 中国电机
　　　　工程学报,2010,30(1):82-90.

［123］邱关源. 电路. 北京:高等教育出版社,1999.

［124］中华人民共和国国家质量监督检验检疫总局,中国国家标准化管理委员会. 高压交流断
　　　　路器用均压电容器:GB/T 4787—2010. 北京:中国标准出版社,2010.

［125］阎俏. 特高压输电线路继电保护问题研究[博士学位论文]. 济南:山东大学,2012.

［126］Xu Z, Yan X, Zhang X, et al. Compensating scheme for limiting secondary arc current of
　　　　1000kV ultra-high voltage long parallel lines. IET Generation Transmission & Distribu-
　　　　tion,2013,7(1):1-8.

［127］Zadeh M R D, Sanaye P M, Kadivar A. Investigation of neutral reactor performance in re-
　　　　ducing secondary arc current. IEEE Transactions on Power Delivery, 2008, 23(4):
　　　　2472-2479.

［128］Huang D, Shu Y, Ruan J, et al. Ultra-high voltage transmission in China: Developments,
　　　　current status and future prospects. Proceedings of the IEEE,2009,97(3):555-583.

［129］Strom A P. Long 60-cycle arcs in air. Transactions of the American Institute of Electrical
　　　　Engineers,1946,65(3):113-117.

［130］Maikopar A S. The quenching of an open arc. Electrichestvo,1964,28(4):64-69.

［131］Fugal T, Koenig D. Influence of grading capacitors on the breaking performance of a 24kV
　　　　vacuum breaker series deign. IEEE Transactions on Dielectrics and Electrical Insulation,
　　　　2003,10(4):569-575.

［132］Haginomori E, Koshiduka T, Ikeda H, et al. Transients in Power Systems: Theory and
　　　　Practice Using Simulation Programs. New York:Wiley,2016.

［133］Elenius S, Uhlen K, Lakervi E. Effects of controlled shunt and series compensation on
　　　　damping in the Nordal system. IEEE Transactions on Power Systems, 2005, 20(4):
　　　　1946-1957.

［134］田铭兴,杨秀川,原东昇. 多并联支路型可控电抗器短路电抗对支路电抗和电流的影响.
　　　　电工技术学报,2014,29(7):237-239.

［135］冼冀,程汉湘. 三相磁阀式可控电抗器综述. 电气技术,2014,(1):1-3.

［136］郑彬,班连庚,宋瑞华,等.750kV 可控高抗应用中需注意的问题及对策.电网技术,2010,
34(3):88-92.

［137］周沛洪,何慧雯,戴敏,等.可控高抗在 1000kV 交流紧凑型输电线路中的应用.高电压技
术,2011,37(8):1832-1842.

［138］李召兄,文俊,徐超,等.特高压同塔双回输电线路的潜供电流.电工技术学报,2010,
25(11):148-154.

［139］李振动,赵青春,董杰,等.串联补偿对差动保护的影响分析.电力系统保护与控制,2015,
43(10):139-143.

［140］赵中原,吕征宇,江道灼.新型固态限流器三相主电路拓扑及控制策略研究.中国电机工
程学报,2005,25(12):42-46.

［141］王付胜,刘小宁.饱和铁心型高温超导故障限流器数学模型的分析与参数设计.中国电机
工程学报,2003,23(8):135-139.

［142］陈刚,汪道灼,蔡永华,等.具有旁路电感的新型固态限流器的研究.中国电机工程学报,
2004,24(7):200-205.

［143］李庆民,肖茂友,娄杰,等.氧化锌避雷器式故障限流器的实用拓扑设计.电力系统及其自
动化学报,2007,19(3):46-50.

［144］Henry S,Baldwin T. Improvement of power quality by means of fault current limitation//
Proceedings of the 36th Southeastern on System Theory,Atlanta,2004.

［145］索南加乐,孙丹丹,付伟,等.带并联电抗器输电线路单相自动重合闸永久故障的识别原
理研究.中国电机工程学报,2006,26(11):75-81.

［146］张媛媛,班连庚,项祖涛,等.1000kV 特高压固定串联补偿装置关键元件工作条件研究.
电网技术,2013,37(8):2218-2224.

［147］郑涛,赵彦杰.超/特高压可控并联电抗器关键技术综述.电力系统自动化,2014,38(7):
127-135.

《气体放电与等离子体及其应用著作丛书》书目

已出版：
1. 大气压气体放电及其等离子体应用　　　　邵涛，严萍
2. 放电等离子体基础及应用　　　　　　　　李兴文，吴坚
3. 潜伏电弧物理特性与抑制技术　　　　　　李庆民，等

即将出版：
1. 等离子体物理学导论　　　　　　　　　　李永东，王洪广
2. 等离子体流动控制与辅助燃烧　　　　　　车学科，聂万胜
3. 大气压气体放电的原理与方法　　　　　　张远涛，王艳辉
4. 等离子体点火与助燃技术　　　　　　　　何立明，于锦禄